足場の組立て、解体、変更業務従事者安全必携

安全必携

—特別教育用テキスト—

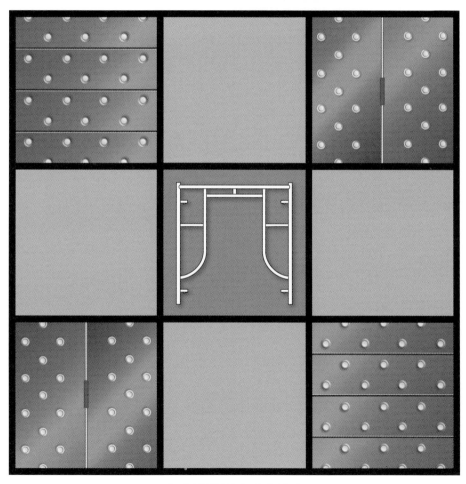

中央労働災害防止協会

はじめに

　足場は、高所などでの作業を安全に効率的に行うために必要不可欠なものとなっており、建設現場にある大掛かりなものから、いわゆる脚立足場など比較的小さなものまで多くの種類の足場が使われています。足場を使用する作業も、プラントメンテナンス、塗装工事、電設工事、設備の据付け、イベント会場の設営などさまざまです。

　しかし、足場を含めた高い場所からの墜落・転落災害は依然として後を絶たず、死亡災害においては最も多い事故の型となっています。

　国においては、足場の構造や材質などについての安全基準を労働安全衛生規則（安衛則）等により定めていましたが、足場等からの墜落・転落災害の防止をより強化するため、平成27年3月に安衛則の改正を行いました。この改正では、特に足場の組立て、解体、変更時の墜落防止措置の充実が図られ、平成27年7月1日以降は、「足場の組立て、解体又は変更の作業に係る業務（地上又は堅固な床上における補助作業の業務を除く。）」に労働者を就かせるときは特別教育の実施が必要になりました。

　また、平成31年2月より、労働安全衛生法施行令、安衛則および関係告示の改正により、「安全帯」の呼称を「墜落制止用器具」と改めるとともに、高所作業で使用する墜落制止用器具はフルハーネス型を原則とすることとなりました。

　さらに、令和5年3月に足場関係の安衛則を一部改正し、一側足場の使用範囲の明確化、足場の点検時の点検者の指名の義務付け、足場の点検後の記録すべき事項に点検者氏名の追加といった措置を新たに規定しました。

　本書は、足場の組立て等業務従事者の特別教育用テキストとして取りまとめたもので、専門家の参集を得て、主として製造業での足場の組立て、解体、変更の作業を意図して編さんし、足場や作業に関する知識、労働災害防止に係る知識などを図やイラストを交えて分かりやすく解説しています。ご協力いただいた関係各位に厚く御礼申し上げます。

　本書が、足場の組立て等業務従事者をはじめ、関係者に広く活用され、墜落・転落災害等の労働災害防止に役立つことを願っています。

令和6年7月

中央労働災害防止協会

執 筆 者

第Ⅰ編（第2章）

　　山﨑　敬介　　　　一般社団法人　仮設工業会　技術部長

第Ⅰ編（第3章）

　　片野坂孝成　　　　株式会社　杉孝　足場安全コンサルティング課　課長

第Ⅱ編

　　児玉　猛　　　　　全国造船安全衛生対策推進本部
　　　　　　　　　　　アドバイザリースタッフ

第Ⅲ編

　　高橋　弘樹　　　　独立行政法人　労働者健康安全機構　労働安全衛生総合研究所
　　　　　　　　　　　建設安全研究グループ　上席研究員

（敬称略。役職は令和6年6月現在のものです）

足場の組立て等の業務に係る特別教育

科目	範囲	時間
足場及び作業の方法に関する知識	足場の種類、材料、構造及び組立図　足場の組立て、解体及び変更の作業の方法　点検及び補修　登り桟橋、朝顔等の構造並びにこれらの組立て、解体及び変更の作業の方法	3時間
工事用設備、機械、器具、作業環境等に関する知識	工事用設備及び機械の取扱い　器具及び工具　悪天候時における作業の方法	0.5時間
労働災害の防止に関する知識	墜落防止のための設備　落下物による危険防止のための措置　保護具の使用方法及び保守点検の方法　感電防止のための措置　その他作業に伴う災害及びその防止方法	1.5時間
関係法令	労働安全衛生法、労働安全衛生法施行令及び労働安全衛生規則中の関係条項	1時間

（「安全衛生特別教育規程」昭和 47 年労働省告示第 92 号）

目次

第 I 編

足場および作業の方法に関する知識

第 I 編のポイント

☑ 足場の組立て、解体、変更の作業では、労働者の墜落や足場の倒壊等の災害・事故の危険性があり、正しい手順で行うことが必要である。

☑ 足場の組立て等作業を行う場合は特別教育の受講が必要であり、これには移動式足場（ローリングタワー）、脚立足場、可搬式作業台の連結の作業も含まれる。

☑ 足場には、わく組足場、くさび緊結式足場、その他の単管足場などの支柱を使った足場のほか、張出し足場、つり足場などの分類がある。また、足場の支柱（建地）の本数等の構成により、本足場や一側足場などの分類がある。

☑ 足場の種類により、組立てや解体の手順、留意事項が異なる。作業主任者や作業指揮者の指揮に従い、作業を行う。

☑ 足場の組立て後等は、使用前に（足場設置の）注文者と使用する各事業者が一定の知識・経験を有する者から点検者を指名し、点検を実施する。毎日の作業前点検は、各事業者で職長等から点検者を指名し実施する。

第1章 | 足場の組立て等 業務従事者の心がまえ

　足場とは「労働者を作業箇所に接近させて作業させるために設ける仮設の作業床及びこれを支持する仮設物」をいう。単体の仮設機材を組み合わせて作業足場等の仮設構造物とする場合も含むことから、建設工事やプラントの定期修理に使用されるような大掛かりな足場だけではなく、いわゆる脚立足場やうま足場など比較的低所の作業に使用するものまで幅広く含まれる。

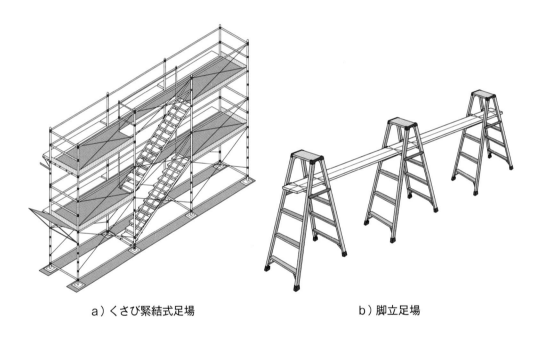

a）くさび緊結式足場　　　　　　　　　　b）脚立足場

図I-1　足場とは

（1）足場の組立て等業務特別教育

　足場の組立て、解体、変更の作業は、その作業中に墜落災害等の危険性があるだけではなく、組立て等を行った仮設物に不備があれば、足場を作業床として作業をしているときなどに倒壊等の重大な事故・災害が発生しかねないため、正しい手順で行うことが必要不可欠である。

　このため、足場の組立て等業務従事者は、特別教育を修了した者でなければ就くことができない（労働安全衛生規則（以下「安衛則」という。）第36条第39号）。

（2）作業主任者、作業指揮者

　①つり足場（ゴンドラのつり足場を除く）、②張出し足場、③高さが5m以上の構造の足場の組立て、解体または変更（以下、組立て等）の作業をする場合は、事業者は作業主任者を選任しなければならない（安衛則第565条）。また、①〜③以外の足場の組立て等を行う場合で、墜落により労働者に危険を及ぼすおそれのあるときは、事業者は作業を指揮する者を指名する必要がある（安衛則第529条）。

　足場の組立て等の作業に従事する場合は、作業主任者や作業指揮者の指揮に従って作業する必要がある。

（3）足場の組立て等業務従事者の心がまえと基本事項

　特に以下の点に留意の上、安全に作業を進めることが大切である。

① 足場の組立て等の作業時の安全を確保することと、足場使用時に危険が生じないよう、足場を正しく組立て等することの両方を肝に銘じて作業にあたる。

② おかしいと感じたことや分からないことが生じたら、あいまいにせず、すぐに作業主任者等に報告して指示をあおぐ。

③ 墜落制止用器具（原則としてフルハーネス型。第Ⅲ編第2章参照）、保護帽等必要な保護具を着用する。

④ 組立て等に必要な工具を準備し、適正に使用する。

⑤ 作業前ミーティングや作業主任者等の指揮に基づき、作業場所、作業内容、作業スケジュール、作業手順等を理解した上で、手順等を遵守して作業にあたる。

⑥ 禁止事項を厳守する（足場から身を乗り出さない、足場上で脚立や踏み台を使用しない、つり荷の下に入らない、ポケットに手を入れて歩かないなど）。

⑦ このほか、標識・表示、立入禁止区域などの表示を遵守する。

⑧ 足場部材の運搬などのために、フォークリフトやクレーン等の機械の使用や玉掛け作業などを行う場合は、必要な資格（免許、技能講習や特別教育の修了）を持った者が行う。

これから行う作業手順を確認しよう

作業手順

第2章 | 足場に関する知識

1 足場の条件

　足場は、対象箇所に接近して、目的の作業を安全、かつ、容易にこなすためのもので建築現場では古くから使用されてきた（図I-2）。

　足場は次のような条件を満足する必要がある。

(1) 安全性

　鉛直および水平の各荷重に対して十分な強度を有し、かつ十分な安定性があること。

　また、墜落および飛来・落下防止に関する安全性が確保されていることも必要である。

図I-2　明治期の足場（「衣食住之内家職幼繪解之図　第十三　上棟」明治6年　国立国会図書館蔵）

(2) 作業性

　作業をする上で必要にして十分な床面積があること。組み立てる場合の作業性も重要で、現場加工の必要がなく、設置および撤去が安全にかつ迅速にできることが望ましい。

(3) 経済性

　仮設機材は繰り返し使用するため、耐用年数の長いことが望ましい。足場として必要以上の性能を要求することは経済性を損なうことにもなるが、現在の仮設機材は破壊に対して2〜2.5の安全率を見込んでおり、この値は経済性および安全性を考慮したものとなっている。

2 足場の組立て等

(1) 組立て

　足場の組立てとは、単体の仮設機材を複数組み合わせて作業足場等の仮設構造物を完成させることをいい、例えば、脚立足場（図Ⅰ-3）やうま足場も足場に含まれる。

　軽量作業台やアルミニウム合金製可搬式作業台のように単独で使用する機材を設置する場合は含まない。

作業床の高さは2m未満で使用

図Ⅰ-3　脚立足場

(2) 作業主任者の選任

　労働安全衛生法（以下「安衛法」という。）第14条では、安衛法施行令第6条第15号に定める「つり足場（ゴンドラのつり足場を除く。）、張出し足場又は高さが5メートル以上の構造の足場の組立て、解体又は変更の作業」を行う場合は足場の組立て等作業主任者を選任することとされている。

　また、作業主任者の選任の対象となっていない解体または変更の作業では作業を指揮する者を指名することとされている（安衛則第529条）。

(3) 厚生労働大臣が定める規格等

　足場に使用する仮設機材の中には、安衛法第42条により「厚生労働大臣が定める規格」（以下「大臣規格」という。）として安衛法施行令第13条に規定されたものがあり、大臣規格に合致していないものは譲渡、貸与および設置することができない。（一社）仮設工業会の認定品は大臣規格に適合していると認められている。仮設工業会ではこれらに自主的に定めた基準を加えた仮設機材認定基準（以下「認定基準」という。）を定め、63種類の仮設機材を認定する認定制度を実施している（表Ⅰ-1）。

表 I-1 仮設工業会の認定品目一覧[編注]

認定品目	
厚生労働大臣が定める規格	仮設工業会の定める基準
パイプサポート、補助サポート、ウイングサポート、建わく、交さ筋かい、布わく、床付き布わく、持送りわく、布板一側足場用布板、布板一側足場用支持金具、移動式足場用建わく、移動式足場用脚輪、壁つなぎ用金具、脚柱ジョイント、アームロック、単管ジョイント、緊結金具、固定型ベース金具、ジャッキ型ベース金具、つりチェーン、つりわく	ネットフレーム、ガードポスト、鋼製脚立、金属製足場板、切梁サポート、アルミニウム合金製脚立、ピボット型ベース金具、鉄骨用クランプ、つりチェーン用クランプ、階段開口部用手すり枠、移動式室内足場、防音パネル、防音パネル等の取付け用クランプ、強化プラスチック製足場板、はりわく、はり渡し、はり受け金具、高所作業台、挟締金具、アルミニウム合金製可搬式作業台、親綱支柱、支柱用親綱、緊張器、くさび緊結式足場の部材及び附属金具（緊結部付支柱、緊結部付布材、緊結部付床付き布枠、緊結部付ブラケット、くさび式足場用梁枠、くさび式足場用斜材、くさび式足場用手すり及び中桟、緊結部付腕木、ねじ管式ジャッキ型ベース金具、屋根用ねじ管式ジャッキ型ベース金具、くさび緊結式足場用先行手すり）、幅木、階段枠、枠組足場用手すり枠
	安全ネット、メッシュシート、低層住宅用メッシュシート、建築工事用垂直ネット、防音シート

[編注] 本書での足場や部材の名称は、規格等固有のものを指す意味が強いものは、規格等で定義されているとおりに「手すり枠」「はりわく」「布枠」等、「枠」および「わく」を使い分けて表記するが、解説の文章等においては原則「わく」で統一している。
　なお、(一社)仮設工業会は、主として建築工事用の仮設構造物およびその構成機材についての必要な構造基準、使用基準等の設定および周知ならびにこれらの試験、技術的指導等により、仮設構造物に係わる労働災害防止とその工事施工の円滑化に寄与することを目的として設立された一般社団法人である。(令和6年3月末現在の会員数＝第1種正会員119社(仮設機材メーカー)、第2種正会員388社(リース・レンタル会社および修理会社等)、賛助会員50社(趣旨に賛同した団体・企業等))

3 足場の種類、材料、構造

　足場には高さ、面積、使用場所等に応じさまざまな種類、形式がある。

　使用形態から大きく分けると主に屋内作業に使用される軽作業用のものと、建築工事等の屋外作業用がある。以下にその用途別の区分を示す（表Ⅰ-2）。なお、本表では飛来・落下物防止用機材は省略している。

表Ⅰ-2　用途別足場区分

区分	名称		主な材料	主な構成機材	主な使用目的	使われる業種
屋内作業用	①脚立足場、うま足場		鋼材 アルミ材	脚立、うま、足場板（鋼製、アルミ製、合板製）	内装工事	建設業（ビル、住宅他）、内装工事業、塗装工事業、他
	②アルミ製可搬式作業台		アルミ材	一体型（天板、踏桟、手がかり棒）	内装工事	建設業（ビル、住宅他）、内装工事業、塗装工事業、製造業、サービス業、他
	③軽作業用作業台		アルミ材 樹脂	一体型（天板、踏桟）	内装工事	建設業（ビル、住宅他）、内装工事業、塗装工事業、製造業、サービス業、他
	④移動式室内足場		鋼材 アルミ材	一体型（作業床、脚輪）	内装工事	建設業（ビル、住宅他）、内装工事業、塗装工事業、製造業、サービス業、他
	⑤高所作業台		鋼材 アルミ材	一体型（作業床、脚輪）	内装工事	建設業、内装工事業、塗装工事業、他
	⑥移動式足場（ローリングタワー）		鋼材 アルミ材	移動式足場用建わく及び脚輪、交さ筋かい、床付き布わく、階段枠	内装工事	建設業、内装工事業、塗装工事業、他
屋外作業用	⑦わく組足場		鋼材 アルミ材	建わく、床付き布わく、交さ筋かい、壁つなぎ用金具、ジャッキ型ベース金具、枠組足場用手すり枠	中高層建築工事、低層住宅工事	建設業（ビル、住宅他）、土木工事業、橋梁工事業、外壁工事業、他
	⑧くさび緊結式足場		鋼材	緊結部付支柱、緊結部付布材、緊結部付腕木、緊結部付ブラケット、緊結部付床付き布わく、床付き布わく、ねじ管式ジャッキ型ベース金具、くさび緊結式足場用先行手すり	中高層建築工事、低層住宅工事	建設業（ビル、住宅他）、外壁工事業、他
	⑨単管足場		鋼材 アルミ材 木材	足場用鋼管、単管ジョイント、緊結金具、金属製足場板、合板足場板、固定型ベース金具	中高層建築工事、低層住宅工事	建設業（ビル、住宅他）、外壁工事業、他
	⑩つり棚足場		鋼材 アルミ材 木材	つりチェーン、単管、緊結金具、金属製足場板、合板足場板、つりチェーン用クランプ	高架工事（橋梁、道路）	建設業、橋梁工事業、他
			鋼材	つりチェーン、ユニット式作業床	高架工事（橋梁、道路）	建設業、橋梁工事業、他
	⑪つりわく足場		鋼材	つりわく、床付き布わく、単管、取付プレート	鉄骨造工事	建設業
	⑫ブラケット一側足場		鋼材	持送りわく、床付き布わく、足場用鋼管、単管ジョイント、緊結金具、金属製足場板、固定型ベース金具	中層建築工事、低層住宅工事	建設業（ビル、住宅他）、塗装工事業、他
	⑬くさび緊結式ブラケット一側足場		鋼材	緊結部付支柱、緊結部付布材、緊結部付ブラケット、床付き布わく、緊結部付床付き布枠、ねじ管式ジャッキ型ベース金具	中層建築工事、低層住宅工事	建設業（ビル、住宅他）、塗装工事業、他
	⑭その他	丸太足場	丸太	丸太、番線、合板足場板	神社仏閣工事等	建設業
		FRPパイプ足場	FRP	FRPパイプ、緊結金具、合板足場板	絶縁を要する工事	建設業、鉄道保守、電気工事、他

3.1 屋内作業用

使用場所は、建築物の基礎、骨組み等が終わった後の工程で、配線、配管、塗装等の内装工事にかかわる場所である。建築関連以外でも、製造業、倉庫・流通業、サービス業等の第三次産業や一般家庭など広く使われている。

多くが1人作業用であり、屋内での移動が容易な折り畳み式で、1～2名で移動可能である。壁面、天井等の対象の作業場所により使い分ける。作業台を専用の作業床で連結し、作業床を広くできるものもある。屋外で使用されることも少なくない。

(1) 脚立足場、うま足場

脚立足場は並べた脚立に金属製足場板（鋼製、アルミニウム合金製）、合板足場板等を架け渡して作業台とするものである。高さ2m以上では墜落防止措置が必要（安衛則第563条）となるため、認定基準では脚立の高さは2m未満となっている。

うま足場は脚立足場の脚立の代わりにうまを用いたものである。うまの桟はパイプ形状で踏み面がないため昇降設備としては不十分である。

なお、脚立足場、うま足場、脚立の使用時の転倒・墜落事故が多いので、足場を組み立てるか、可搬式作業台等を使用して作業することが望ましい。

図Ⅰ-4 移動式足場

(2) 移動式足場

移動式足場（ローリングタワー）（図Ⅰ-4）は、移動式足場用建わくをタワー状に組み立て、脚輪（キャスター）を取り付けたものをいう。主に室内の天井・壁等の仕上げ工事および設備工事等に使用できる。脚輪の外径が大きいので屋外でも使用できるが、水平安定度を確保するためコンクリート等の堅固な地面に設置する必要がある。

一般的に高さ4層程度で使用されるが、さらに高くするためにはアウトリガーが必要なこともある。

主な機材には、組み上げる移動式足場用建わく、建わく最下段に装着する移動式足場用脚輪（キャスター）、床付き布わく、交さ筋かい、脚柱ジョイント

がある。移動式足場用建わくは「はしご枠」とも呼ばれるように、踏桟を有しているが、現在では昇降は安全面から内階段とし、そのために階段枠、ハッチ付き床付き布わく等を設置する。

　最上層には墜落等防止のために手すり柱、手すり、中桟、幅木等を設置するが、組立て・解体時の安全のために先行手すりを使用することが望ましい。

　主要な機材の構造および性能は認定基準に定めるほか、組立て等の基準は「移動式足場の安全基準に関する技術上の指針」（厚生労働省：昭和50年10月18日公示第6号）で示されている。

(3)　各種作業台

　以下の機材は、単体で使用することを主目的とするもので足場の組立てには該当しないが、複数を専用の作業床等で連結した場合は組み立てたことになる。

① 　軽作業用作業台

　天板上で作業するための1人用の軽作業用作業台（図Ⅰ-5）、折り畳める樹脂製や脚立形状のアルミ製作業台がある。樹脂製の作業台は工場等の屋内で使用される。アルミ製作業台には壁面と踏み面が平行になるように設置した場合に壁面に近づけるように壁面側支柱の角度が立っているものがある。これらは仮設工業会の単品承認制度で承認されている。

② 　アルミニウム合金製可搬式作業台

　認定基準では高さ2m未満、天板が幅40cm以上（高さ1m以下のものにあっては、幅28cm以上とすることができる）、長さ60cm以上とされており、主に屋内で使用するための1人用作業台（図Ⅰ-6）で、脚立足場またはうま足場の脚部と作業床を一体化

a）樹脂製作業台

b）手すり付き作業台

c）壁面に接近させやすい形状の作業台
（横から撮影）

図Ⅰ-5　軽作業用作業台

図Ⅰ-6　可搬式作業台
（危険を感知する棒を有するもの）

図Ⅰ-7　移動式室内足場

した形状といえる。アルミ製のため軽量で、また折り畳んでコンパクトになり、1人で持ち運びできる。近年は墜落防止のために手すりあるいは注意喚起を目的とした手がかり（危険を感知する棒）等を有するものもある。複数台を並べて専用の作業床で連結できる機種もある。なお、横方向に倒れやすいのでアウトリガーがあるとよい。

③　移動式室内足場

　高さ2m未満で広い天板を有する作業台（図Ⅰ-7）。本体が大きく重量もあるが、折り畳み構造でキャスターを備えているため、1人で移動可能である。天板の広いタイプは複数の作業者で使用可能である。

④　高所作業台

　高さ2m以上の作業台で、主に室内の高所作業用。組上げ方法の違いにより、パンタグラフ構造のテーブルリフト式と直立した多段構造の単柱等を備えた単柱式がある（図Ⅰ-8）。作業床の上げ下げは、テーブルリフト式ではスプリング機構により、また単柱式はウインチによる巻き上げ等の機械式がある。走行は機械

a）テーブルリフト式　　　b）単柱式
図Ⅰ-8　高所作業台

駆動ではなく、人力で行う。

　移動式足場（ローリングタワー）との違いは、作業床の高さ調整が容易にできることと、あらかじめ作業床周囲に手すり、中桟および幅木が備わっていることである。

3.2　屋外作業用

　屋外作業で使用する足場はビル工事（中高層）、住宅工事（低層）、ビルおよび住宅の外壁補修工事等の現場で作業位置が高所で、作業面積が広い場合に用いられ、足場の組立て等作業主任者等の選任、墜落・転落防止および飛来・落下防止措置、設置期間中の点検など多くの法的規制の対象となる。

　以下、これらのうち、主な足場について解説する。

　わく組足場、くさび緊結式足場および単管足場等の外部足場（つり足場を除く）は原則として幅 40cm 以上の作業床を備える本足場（二側足場）である。足場を設置する箇所の幅が 1 m 以上あるときは、原則として本足場を使用しなければならない（安衛則第 561 条の2）。なお、幅が 1 m 未満の場合であっても、可能な限り本足場を使用するのが望ましい。

　また、地上から足場を組み上げることが困難なときに使用するつり棚足場や、つりわく足場がある。

(1)　わく組足場

　わく組足場は建わく（図Ⅰ-9）を中心としたシステム足場である。部材の種類が豊

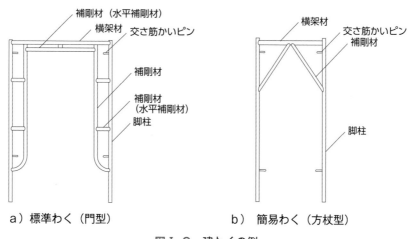

　a）標準わく（門型）　　　　　　　b）簡易わく（方杖型）

図Ⅰ-9　建わくの例

富で、かつ異なるメーカーでも互換性があり、認定基準に適合したものであれば性能も同等である。完成されたシステムで組立て・解体が容易であり、支持力も高い。枠幅90cm以上の標準わくは、型枠支保工としても使用される。

　主な機材は、建地部分にあたる建わく、建わくをつなぐ布材と作業床を兼ねた床付き布わく、建わくを連係する交さ筋かい、建わくを上下につなぐ脚柱ジョイントおよびアームロック、最下段の建わくの下に設置するジャッキ型ベース金具、足場全体の座屈および倒壊を防止する壁つなぎ用金具等である。

　このほか必要に応じ設置するものとして、持送りわく、階段枠、はりわく等がある。持送りわくは躯体と足場の隙間に足場板、水平ネット等を設置するために使用することもある。また墜落・転落防止のために設置するものとして、枠組足場用手すり枠、階段開口部用手すり枠、下桟、上桟、幅木がある（図Ⅰ-10）。飛来・落下物防止用としてはメッシュシート、ネットフレーム、防音シートおよび防音パネル等を設置する。なお、生地の薄い飛散防止用ネットは塗料等の飛散防止用で、落下物防止用ではないので使い分ける必要がある。

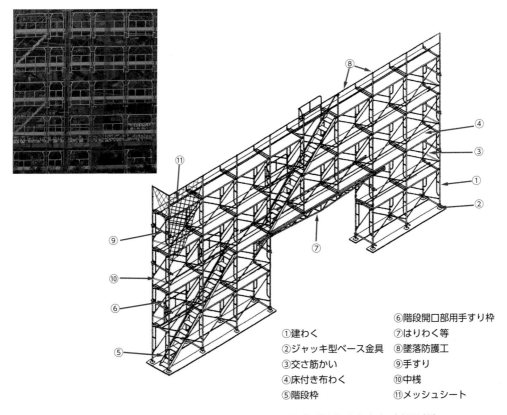

①建わく　②ジャッキ型ベース金具　③交さ筋かい　④床付き布わく　⑤階段枠　⑥階段開口部用手すり枠　⑦はりわく等　⑧墜落防護工　⑨手すり　⑩中桟　⑪メッシュシート

図Ⅰ-10　わく組足場（左上は手すりわくと幅木が設置されたわく組足場）

これらの機材の構造および性能は認定基準に定められており、認定品を用いた場合は高さは原則として45mまで使用できる。ただし、45mを超える場合および型枠支保工として使用する場合は別途荷重計算等が必要である。

また、足場周辺への公衆災害防止のために防護棚（朝顔）や防護構台を設置することもある（建設工事公衆災害防止対策要綱）。

(2) くさび緊結式足場

くさび緊結式足場（図Ⅰ-11）は、建地である緊結部付支柱に備えたくさび受け金具に布材、腕木材等のくさび部を打ち込んで固定するものである。くさび形状はメーカーにより異なるため、くさび緊結式足場の部材は異なるメーカー間の互換性はない（図Ⅰ-12）。

部材の種類、寸法が豊富で、設置箇所の高さ、形状等に合わせられる自在性がある。組立て・解体が容易であり、足場、作業棚等に使用される。

また、緊結部付ブラケットを使用したブラケット一側足場は、住宅工事等の低層工事やビルとビルの間などの幅が1m未満の本足場を立てられない狭あいな場所で使うことができる。

主な機材は、一定間隔にくさび緊結用金具（凹型、プレート型）を備えた建地となる緊結部付支柱、緊結部付布材、緊結部付床付き布わく、床付き布わく、緊結部付腕

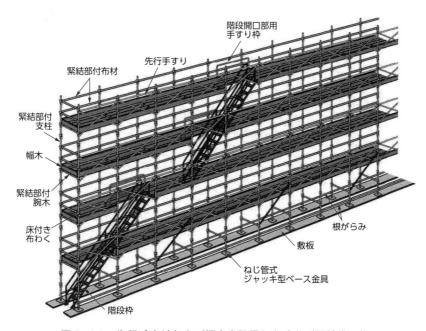

図Ⅰ-11　先行手すりおよび幅木を設置したくさび緊結式足場

図Ⅰ-12　くさびの形状

木、緊結部付ブラケット、くさび式足場用斜材等である。支柱最下段には、ねじ管式ジャッキ型ベース金具を設置し、また、足場全体の座屈および倒壊を防止するために壁つなぎ用金具を設置する。

　また墜落・転落防止用に設置するものとして、くさび緊結式足場用先行手すり、階段開口部用手すり枠および幅木があり、飛来・落下物防止用にはメッシュシート、防音シートおよび防音パネル等がある。このほか必要に応じ使用するものとして階段枠、くさび式足場用梁枠等がある。

　これらの機材の構造および性能は認定基準に定められており、認定品を用いた場合は原則として高さ45mまで使用できる。また、仮設工業会の承認を取得したくさび緊結式足場では45mを超えて使用可能なものもある。

　足場周辺への公衆災害防止のために防護棚（朝顔）や防護構台を設置することもある（建設工事公衆災害防止対策要綱）。

(3) 単管足場

　単管足場は、丸太足場が一般的であった時代に丸太を鋼製化することで、高層建築に使用できるようになり、用途が拡大するきっかけとなったものである。

　単管足場は単管の接合位置や取付角度を緊結金具（クランプ）により自由に設定できる特長があり、足場を円形、斜面等の不定形に組む場合は緊結金具と布材の位置が自由になるため組み立てやすい。主な用途は本足場、棚足場等である（図Ⅰ-13、図Ⅰ-14）。

　主な機材は建地、布材、斜材等を構成

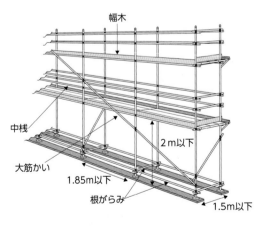

幅木

中桟

大筋かい

根がらみ

2m以下

1.85m以下

1.5m以下

図Ⅰ-13　単管足場の例

する単管、同単管を接続する単管ジョイント、緊結金具、最下段に固定型ベース金具、足場全体の座屈および倒壊を防止する壁つなぎ用金具等を使用する。作業床には多くの場合、金属製足場板または合板足場板を使用する。

単管は原則として JIS A 8951 に定める鋼管を使用する。緊結金具（図 I-15）には単管を直交させて固定する直交型、角度を固定せず可変できる自在型がある。なお、1 個で 3 本の単管を並列に接合できる三連型もあるが、これまでに仮設工業会から認定・承認されたものはなく、現状では単管足場を含む足場用の緊結金具としては使用できない※。

単管足場は 31 m を超える場合は、建地の最高部から測って 31 m よりも下部の部分

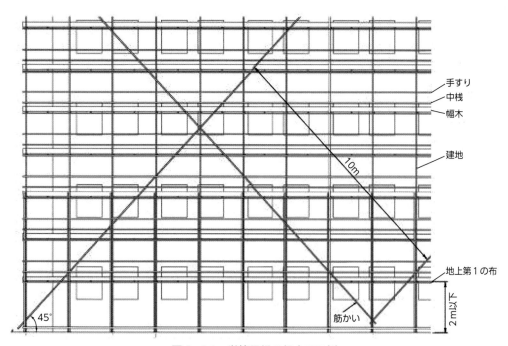

図 I-14　単管足場の組立ての例

a）直交型

b）自在型

c）三連型（使用不可※）

図 I-15　緊結金具

※　仮囲いや日曜大工で使用されるが、足場用には使用できない。（なお、単管 2 本を作業床代わりにする抱き足場として使用するのは作業床を有しないため安衛則違反となる。）

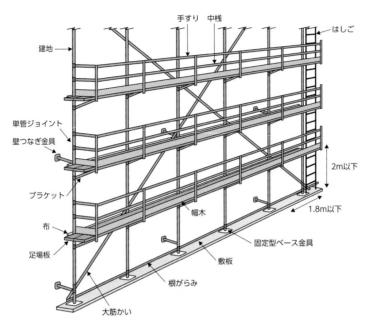

手すり　中桟

はしご

建地

単管ジョイント

壁つなぎ金具

ブラケット

幅木

2m以下

1.8m以下

布

足場板

固定型ベース金具

敷板

根がらみ

大筋かい

図Ⅰ-16　ブラケット一側足場

は建地を2本組にする等の必要がある。ただし、平成27年7月1日施行の安衛則改正により、一定の条件を満たす場合に限り、その必要はなくなっている。

　また、単管と持送りわく（ブラケット）を組み合わせた一側足場は、ブラケット一側足場と呼ばれ、ビルとビルの間や住宅工事等で幅が1m未満の本足場を組み立てられない狭あいな場所で使うことができる（図Ⅰ-16）。一側足場は安定性に欠けるため、原則的には高さ15m程度が限度だが、必要に応じて別途荷重計算等をしなければならない。

マスト

全体が上下する作業床

図Ⅰ-17　移動昇降式足場（フランス：パリ）

(4)　移動昇降式足場

　移動昇降式足場（図Ⅰ-17）は壁面に沿って垂直に立てられたレールとなる支柱（マスト）に取り付けた作業床（プラットホーム）をモーターによって上下に移動させるものである。

　用途はマンションやビルの修繕工事で使用されるほか、土木橋脚の耐震補強工事用足場、煙

突の解体・点検用足場、塔内・タンク塔の内部工事用足場など
として使用される。作業床の組立・解体が地上で可能なため高
所作業が少なく安全性が高まり、工期も短縮される。

　また、平面だけでなく凹凸のある壁面にもある程度対応できる。
スパン方向は支柱と作業床を連結することで30 mまでつなげる
ことができるものや、設置高さが100 m〜200 mまで可能なもの
などさまざまなタイプがあり、欧米では広く使用されている。

図Ⅰ-18　つりチェーン用クランプ

(5) つり棚足場

　つり棚足場は単管を井桁に組み、つりチェーンでつったとこ
ろに足場板を架け渡して作業床とするものである。主に高速道路、高架橋、橋梁工事等
に使用される。また、市街地の道路など地上から足場を組み上げることが困難な場合
にも使用される。

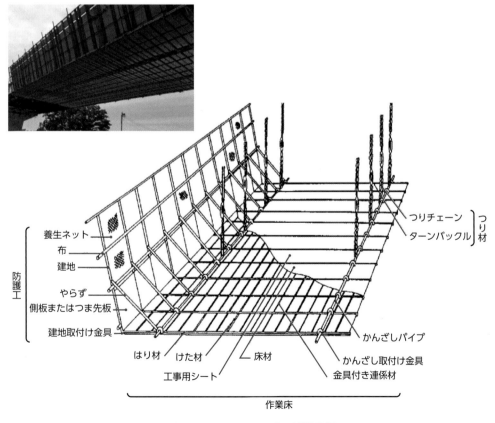

図Ⅰ-19　システム式つり棚足場

27

つりチェーンはH形鋼などのフランジに取り付けたつりチェーン用クランプ（図Ⅰ-18）からつり下げるか、鉄骨に巻き付ける。

また、同様につりチェーンでつる足場にシステム式つり棚足場がある（図Ⅰ-19）。メーカーごとに仕様が異なるが、基本的に専用部材で組み上げたユニット（作業床、墜落防護工等）をつりチェーンでつるものである。

設置は地上で組み立ててつり上げる方式と、つった状態で作業床を徐々にせり出して組み広げるものがある。

（6）つりわく足場

つりわく足場は、つりわくを鉄骨梁に溶接した取付プレート等に取り付け、床付き布わく等を設置して連続させるものである。組立ては、あらかじめ地上でつりわくを鉄骨梁に取り付け、クレーンでこの鉄骨梁を建込むことで同時に足場の架設を完了できる（図Ⅰ-20）。高所での組立て作業が少なくてすむのが特徴である。

つりわく足場はビル工事における鉄骨の溶接や配筋組立て等の作業等に使用される。

a）地上での組立て

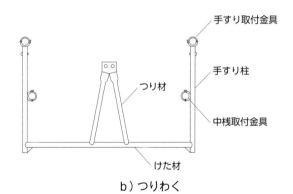
b）つりわく

手すり取付金具
手すり柱
つり材
中桟取付金具
けた材

図Ⅰ-20　つりわく足場

4 足場の組立図

　足場の組立て等では、足場の設置計画に基づき、組立図等の図面を作成し、足場の種類に応じた作業の手順（図Ⅰ-21）に基づいて作業を進める。

　作業者は、作業主任者や作業指揮者からのこれらの説明を受け、組立て順や安全上の留意点などを十分に理解した上で作業にあたる必要がある。

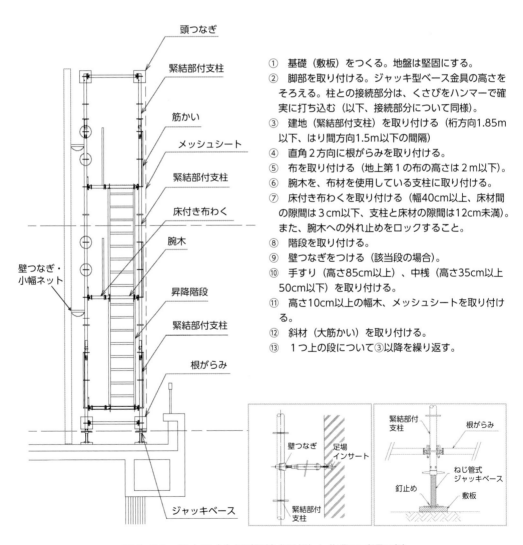

① 基礎（敷板）をつくる。地盤は堅固にする。
② 脚部を取り付ける。ジャッキ型ベース金具の高さをそろえる。柱との接続部分は、くさびをハンマーで確実に打ち込む（以下、接続部分について同様）。
③ 建地（緊結部付支柱）を取り付ける（桁方向1.85m以下、はり間方向1.5m以下の間隔）
④ 直角2方向に根がらみを取り付ける。
⑤ 布を取り付ける（地上第1の布の高さは2m以下）。
⑥ 腕木を、布材を使用している支柱に取り付ける。
⑦ 床付き布わくを取り付ける（幅40cm以上、床材間の隙間は3cm以下、支柱と床材の隙間は12cm未満）。また、腕木への外れ止めをロックすること。
⑧ 階段を取り付ける。
⑨ 壁つなぎをつける（該当段の場合）。
⑩ 手すり（高さ85cm以上）、中桟（高さ35cm以上50cm以下）を取り付ける。
⑪ 高さ10cm以上の幅木、メッシュシートを取り付ける。
⑫ 斜材（大筋かい）を取り付ける。
⑬ 1つ上の段について③以降を繰り返す。

図Ⅰ-21　組立図（くさび緊結式足場）と作業の手順の例

第3章 | 各種足場の組立て、解体および変更の作業の方法

1 共通事項

　足場の組立て等は、墜落災害、飛来・落下災害、揚重機械災害等の発生の可能性がある危険性の高い作業である。したがって作業者は、労働災害防止のため、労働安全衛生法令の遵守はもちろんのこと、作業主任者および作業指揮者等の指揮のもと、使用部材の点検、関係者以外の立入禁止、作業手順の遵守、保護具の適正使用、不安全行動の禁止等、さまざまなルールを確実に守り作業を進めていく必要がある。

　自分一人の勝手な判断・行動が災害の危険を招き、自分だけでなく、一緒に働く作業者をも巻き込んでいくことを十二分に理解しておくことが大切である。

　労働安全衛生法令では、つり足場、張出し足場、高さが5m以上の構造の足場の組立て等の作業では、事業者は、足場の組立て等作業主任者を選任し、また、高さ2m以上※の足場の組立て等の作業（作業主任者を選任する場合を除く）では、作業指揮者を指名して、これらの者の直接指揮のもとに作業を行うことが定められている。したがって、高さ2m以上の足場については、足場の組立て等の業務に係る特別教育修了者だけでは組立て等の作業ができないことにも併せて注意が必要である。

※　労働安全衛生規則第529条では、「墜落により労働者に危険を及ぼすおそれのあるとき」とされており、高さについての明確な規定はないが、一般に、高さ2m未満の構造の足場については墜落するおそれのない地上または堅固な床上から組み立てることが可能と考えられるため、ここでは「高さ2m以上」としている。

(1) 作業開始前の確認事項等

　作業者は、作業主任者等による安全に作業するための注意事項、遵守事項の説明を聞き、作業主任者等が作成した作業手順書によく目を通して理解すること。また、墜落制止用器具等の保護具の適正な使用方法の指導を受け理解すること。

　分からないことはその場で必ず確認をし、理解が不十分なまま組立て等の作業を開始しないこと。

(2) 足場部材の点検等

　作業者は搬入された足場部材等のへこみ、曲がり、変形および腐食の有無について点検し、不良品を発見した場合には、自分のあいまいな判断で勝手に現場内に持ち込んだり、放置したりせずに、作業主任者等に必ず報告すること。

　不良品が原因で災害が発生することがある。例えば、変形した足場板につまずいて転倒し、筋かいの隙間から墜落したり、変形した機材の取付け・取外しを無理に行って、勢いで周囲の機材にぶつかったり、バランスを崩したりして墜落するおそれがある。さらに不良品を無理に取付け、取外しすることは、作業がスムーズにできないため、作業効率も低下するだけでなく、足場の安全性も低くなる。

(3) 作業中の注意事項、遵守事項等

　作業手順書に従って作業を進め、不具合が生じた場合には作業主任者等に報告すること。自身の判断で勝手に作業手順等の変更を行わないこと。例えば、解体時などは部材の取外し順を誤ると、倒壊などの危険性が高まるなど、自分だけでなく、他の作業者も危険な状況になることを十分に理解しておく。また、決められた場所では墜落制止用器具等の保護具を必ず使用すること。保護具不使用等の不安全行動を作業主任者等から指導された場合は、速やかに是正をしなければならない（図Ⅰ-22）。どんなに高機能の保護具を装備していても、使用しなければ意味がない。

　さらに悪天候時で作業の継続に関して危険が伴う場合には、作業を中止すること。台風等、事前に悪天候が予想される場合には、天候が悪くなる前に補強、飛散防止を行う。

(4) 作業終了後の確認等

　作業主任者等の指揮のもと、作業終了後の部材の片付け、整理、整頓を実施し、作業場の状況が不安全な状況になっていないか確認すること。整理、整頓をすることで標準とのズレを知ることができ、常に安全な状態を維持することが可能になる。

図Ⅰ-22　ルールの遵守が大切

2 脚立足場、うま足場

　脚立足場やうま足場（以下、脚立足場等）は、脚立やうま（以下、脚立等）を支持物として、足場板を架設して足場として使用するものである（図Ⅰ-23）。

　原則、高さ２m未満での使用となり高所作業に該当しないため、安全への意識が低下し、災害が多発している。正しい使用方法を理解したうえで作業にあたること。

● 脚立足場の組立て時の注意事項

① 　足場板を架設する脚立の配置間隔は1.8 m以内とする。長さ４mの足場板を使用する場合は３カ所に脚立等を配置する必要がある（図Ⅰ-23、図Ⅰ-24）。また脚立には開き止めの金具を確実に作用させる。

② 　足場板を架設する場合には脚立等の踏桟からの突出し長さは10cm以上20cm以下とする。また、足場板を重ね継ぎで使用する場合には脚立等の踏桟の上で20cm以上重ねる（図Ⅰ-25）。足場板の端部はゴムバンド等で脱落するおそれがないように固定する（図Ⅰ-26）。

③ 　足場上を移動する際には足場板に大きな衝撃を与えることのないように注意する。また、足場板端部から身を乗り出し、無理な態勢で作業しない。必要に応じて脚立足場等を一度解体するなどして、作業場所を移動する。なお、1.8 m以内の１スパンの足場板に乗るのは原則１人までとする。

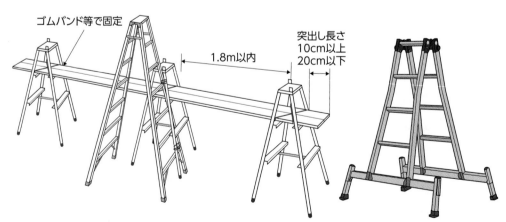

※アウトリガー付きの脚立の使用（図右）や別の脚立に固縛（図左）すると、足場の転倒防止になる

図Ⅰ-23　脚立足場の例

足場板の支持間隔を 1.8 m 超で使
用すると、曲がりやすくて危険。
足場板 1 スパンに 1 人までとする。
足場板の端部も固定する。

図Ⅰ-24　脚立足場の不適切な設置・使用の例

突合せの場合

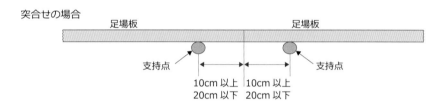

足場板　　　　　　　　　　　　　　　　足場板

支持点　　　　　　　　　　　　　　　　支持点

10cm 以上　10cm 以上
20cm 以下　20cm 以下

重ね継ぎの場合

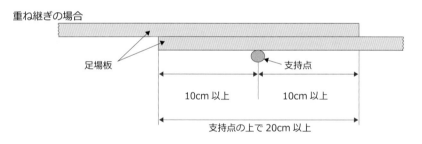

足場板

支持点

10cm 以上　　　　　10cm 以上

支持点の上で 20cm 以上

図Ⅰ-25　足場板の突合せと重ね継ぎ

図Ⅰ-26　足場板の固定

3 可搬式作業台

　アルミニウム合金製可搬式作業台（図Ⅰ-27）は安全に昇降するための手掛かり棒や天板の補助手すり等のオプション材も充実しているため、脚立足場やうま足場に比べて安全性、作業性が高く、屋内に限らず、屋外作業でも使用される頻度は高くなっている。便利な機材ではあるが、使用方法を誤ると災害につながることもあるため、正しく使用することで、その機能を最大限生かしていく。

図Ⅰ-27　アルミニウム合金製可搬式作業台の例（補助手すり付）

●可搬式作業台設置等の際の注意点

① 軟弱地盤または滑りやすい地盤の上には設置しない。また、ピット等の開口部付近への設置は極力避ける。設置が必要な場合は、ピット等への墜落防止措置をとる。

② 使用開始前点検を必ず行い（図Ⅰ-28）、各部位に異常がある場合は使用しない。

③ 作業床に手すり材等を取り付ける場合には専用の部材を使用する。接続部の金具は確実に取り付ける。手すり材等は大きな力をかけた際には破損するおそれがあり、さらには墜落制止用器具を取り付ける強度を有していないことを理解しておく。

④　連結してステージ状に使用する場合（図Ⅰ-29）には、専用の連結材を使用し、接続金具は確実に取り付ける。連結は特別教育修了者が行う。

　　なお、アルミニウム合金製可搬式作業台は専用の連結材以外で連結して使用してはならない（図Ⅰ-30）。

⑤　昇降する際は、機材側に向いて、手掛かり棒がある機材は手掛かり棒を持ち、ない機材は本体を持って昇降する。

⑥　天板上の積載荷重は150kg以下（仮設工業会認定基準）とする。

⑦　その他メーカーの取扱い基準を遵守する。

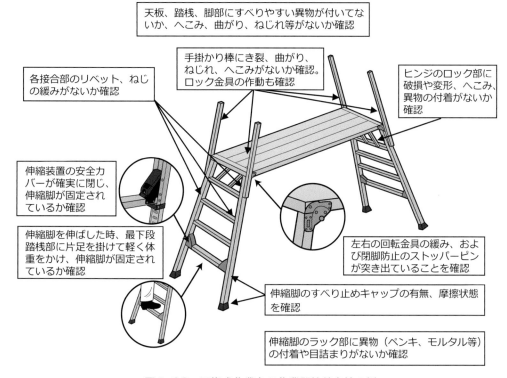

天板、踏桟、脚部にすべりやすい異物が付いてないか、へこみ、曲がり、ねじれ等がないか確認

手掛かり棒にき裂、曲がり、ねじれ、へこみがないか確認。ロック金具の作動も確認

ヒンジのロック部に破損や変形、へこみ、異物の付着がないか確認

各接合部のリベット、ねじの緩みがないか確認

伸縮装置の安全カバーが確実に閉じ、伸縮脚が固定されているか確認

伸縮脚を伸ばした時、最下段踏桟部に片足を掛けて軽く体重をかけ、伸縮脚が固定されているか確認

左右の回転金具の緩み、および閉脚防止のストッパーピンが突き出ていることを確認

伸縮脚のすべり止めキャップの有無、摩擦状態を確認

伸縮脚のラック部に異物（ペンキ、モルタル等）の付着や目詰まりがないか確認

図Ⅰ-28　可搬式作業台の作業開始前点検の例

延長手すり

延長手すり

延長天板

延長天板

図Ⅰ-29　作業台をステージ状に連結して使用する場合の例

可搬式作業台に足場板を渡すなど専用機材以外を使用するのは禁止

図Ⅰ-30　可搬式作業台の悪い連結例

移動式足場

移動式足場は、タワー状に組み立てたわく構造の足場で、最上層に作業床があり、脚輪を付けることで人力により移動できる足場である（図Ⅰ-31）。

図Ⅰ-31　移動式足場の例

●移動式足場設置時等の留意事項

① 組立て中は脚輪にはブレーキをかけ、わく組足場等（次頁以降参照）と同様に墜落防止措置をとる。

② 最上層の作業床は床付き布わく等を隙間のないように敷き並べる。墜落防止措置として高さ85cm以上※の位置に手すり、高さ35cm以上50cm以下の位置に中桟等を設ける。物の落下を防ぐため高さ10cm以上の幅木も設ける。

③ 作業者を乗せたままでは絶対に移動しない。作業者を乗せたまま移動すると重心が高くなって転倒しやすくなり、大きな災害につながる。移動時は床面の凹凸、こう配等を確認する。小さい物への乗り上げも転倒につながる。

④ 作業床上では、はしご、脚立、踏台等を使用しない。作業床上に設置すると足場自体の揺れのため脚立等が不安定となり転落するおそれがあり、また、作業者が手すりより高い位置となり、手すりを乗り越えて墜落するおそれがある。

⑤ 一定程度以上の高さを組み立てる場合にはアウトリガーを設置する。

※　本テキストでは、安衛則により「85cm以上」と記載している。なお、「移動式足場の安全基準に関する技術上の指針」（設計、製造および使用に関する留意事項について規定）では「90cm以上」とされており、一般的には、手すり部分を含めメーカー製の移動式足場機材で組み立てた場合は90cm以上となるものが多い。

第3章

5 わく組足場

5.1 わく組足場の組立て

わく組足場には「親綱を使用する方法」「手すり先行工法」「クレーン等を使用したブロック化による方法（大組）」の３つの組立て方法がある。

各組立て方法の共通の手順については次のとおりである。

1	関係者以外の立入禁止・部材の点検	8	床付き布わくの取付け
2	敷板の設置	9	階段わくの取付け
3	脚部の取付け	10	壁つなぎの取付け
4	建わくの取付け	11	１つ上の段について、建わくの取付け、交さ筋かい取付け、下桟の取付け、床付き布わくの取付け（以下、最上段まで繰り返し）
5	脚柱ジョイントの取付け		
6	交さ筋かいの取付け		
7	根がらみの取付け		

●わく組足場組立て時の留意事項

（1）親綱を使用する方法による組立て

この方法はわく組足場の組立て方法としては一般的な工法である。組立てを行う際の墜落防止措置として親綱、親綱支柱および墜落制止用器具の使用により墜落を防止するものである（図Ⅰ-32）。したがって親綱、親綱支柱を適切に設置し、かつ、適正な墜落制止用器具を正しく使用することが必要である。

まず、墜落制止用器具を取り付けるための親綱を張る親綱支柱を足場に取り付ける（図Ⅰ-33）。上層階の親綱および親綱支柱は下層階から取り付ける。その際に親綱支柱の設置間隔は10 m以内とする。万一の墜落の際には親綱は大きくたわむため、作業をしている足場の高さにより親綱支柱の設置間隔を変化させる必要がある。水平方向10 mで親綱を設置して作業をしていた際に墜落した場合には、条件にもよるが、親綱が５m程度たわむため（図Ⅰ-34）、作業床の下部の空間確保も十分検討が必要になる。

38

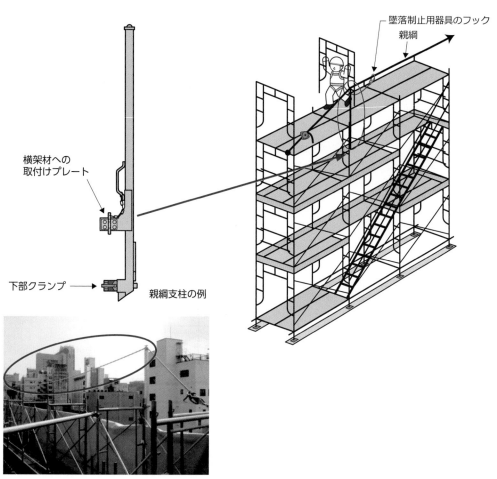

図Ⅰ-32　親綱を使用する方法の例

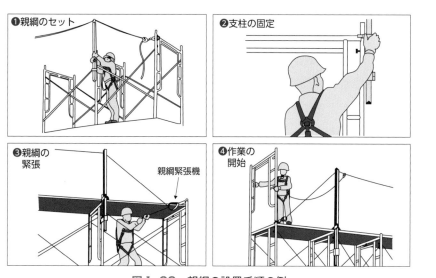

図Ⅰ-33　親綱の設置手順の例

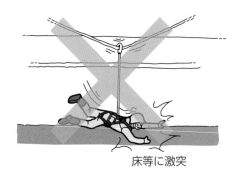

床等に激突

図Ⅰ-34　親綱のたわみ

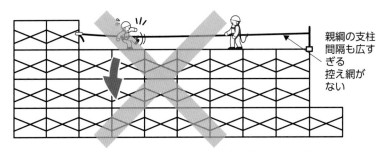

親綱の支柱
間隔も広す
ぎる
控え網が
ない

図Ⅰ-35　1本の親綱を複数の作業者が使用した危険な例

　親綱は合成繊維製ロープで径が16mm以上のものを使用する。仮設工業会認定品等の信頼性の高い機材を使用し、親綱1本あたり1人で使用すること（図Ⅰ-35）。また、複数の作業者が同じスパンの親綱に墜落制止用器具をかけて作業してはならない。

　「親綱を張って、墜落制止用器具をかけて作業していれば安全」ということではない。適切な方法で親綱を設置し、適正な墜落制止用器具を正しく使用して、万が一の墜落に備えることが大切である。

　なお、作業床の幅は40cm以上、複数の床材を並べた場合の床材間の隙間は3cm以下とし、建地と床材の隙間は12cm未満とすること。複数枚の床材を支柱間いっぱいに敷き並べる（「手すり先行工法」「クレーン等を使用したブロック化による方法（大組）」も同様）。

（2）手すり先行工法による組立て

手すり先行工法は、下層階より上層階の手すりを先行して取り付ける方法であり、「常に手すりのある状態」で組立てができることが特徴である。方式としては「手すり先行工法等に関するガイドライン」（令和5年12月26日付け基発1226第2号）で示される「手すり据置き方式」「手すり先行専用足場方式」「手すり先送り方式」の3つがある。

手すり先送り方式と手すり据置き方式は建わくを使用することができるが（図Ⅰ-36）、手すり先行専用足場方式は建わくではなくH型枠を含む専用の部材で組み立てていく。

親綱を使用した組立て方法が墜落による地面への激突は防げるものの、墜落という事象自体は防止できないことに対して、手すり先行工法による組立ては、手すりが常にある状態で作業ができるため、墜落防止に効果的であることが大きな利点である。

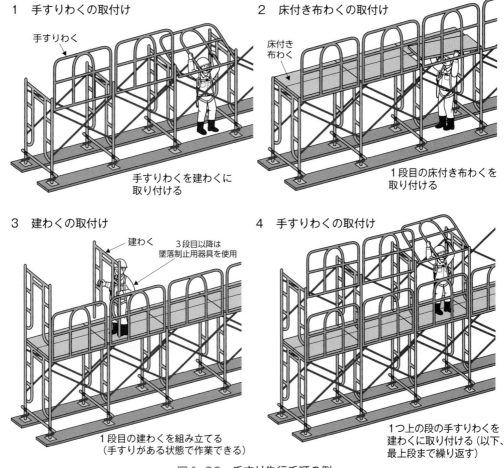

1　手すりわくの取付け
手すりわく
手すりわくを建わくに取り付ける

2　床付き布わくの取付け
床付き布わく
1段目の床付き布わくを取り付ける

3　建わくの取付け
建わく
3段目以降は墜落制止用器具を使用
1段目の建わくを組み立てる（手すりがある状態で作業できる）

4　手すりわくの取付け
1つ上の段の手すりわくを建わくに取り付ける（以下、最上段まで繰り返す）

図Ⅰ-36　手すり先行手順の例

　また、手すり先行工法に使用する手すりわくには「墜落制止用器具の取付け強度」を有する機材とそうでない機材があるため、手すりわくに墜落制止用器具をかける際は仮設機材メーカーやリース・レンタル会社等に必ず確認してから使用すること。

　一部の事業場では、手すり先行工法の機材を使用しているにもかかわらず、上段の手すりを一つ下段から設置しないなど、手すり先行工法の手順を守っていないことがある。手すり先行工法の機材を使用し、かつ、正しい手順で組立て等を行うことではじめて墜落災害を防止する効果がある。

(3) クレーン等を使用したブロック化による組立て（大組）

　ブロック化による組立て方法は、作業場所にクレーンを据えられるスペースおよび地組みできるスペースが必要になる。そのため、実施できる現場は限られてくる。また、ワイヤ、専用の治具および経験が必要になるため、実施する際には十分注意が必要になる。

　わく組足場を、2層3スパン程度分を地組みしてブロックをつくり、移動式クレーン等ですでに組み上がっている足場に接続していく方法である（図Ⅰ-37）。

　ブロック化による組立て方法の利点は、高所作業を行う頻度を少なくできること、足場上で細かい部材を取り扱う頻度を少なくできること等があげられる。また、規模が大きくなればなるほど、作業時間を短くできる。

　構成部材の異常や緊結部の緩みがあると、崩壊・落下するおそれがあり危険であるため、作業時は作業主任者の指揮のもと、作業手順等を遵守すること。

※地組み：2層3スパン程度の足場を地面の上で組み立てること

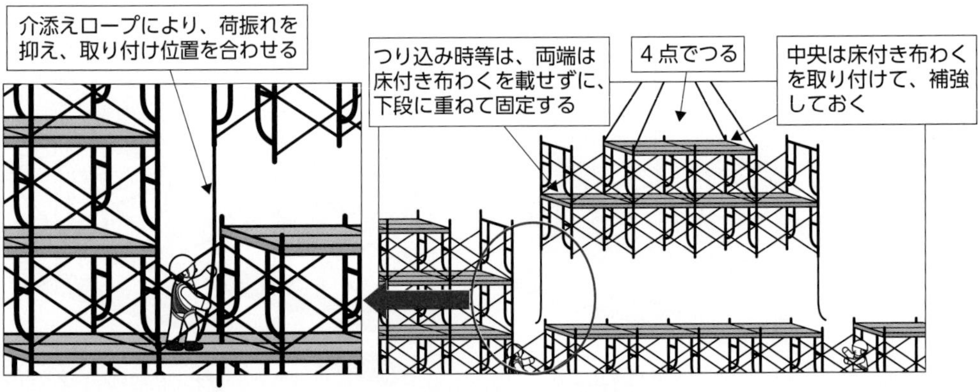

図Ⅰ-37　ブロック化による組立て例

【参考】

　わく組足場は、一般的に、いわゆる矩形（長方形）の構造物に対して作業を行う現場に適しており、曲線構造物には次項で解説する単管足場等の方が適しているといわれている。

　しかし、近年では、くさび緊結式足場などにおいて、曲線の構造物にも対応可能な機材も出始めている。どのタイプの足場であっても、より安全かつ効率的に組立て、解体等ができる機材があれば活用を検討していくことも大切である（図Ⅰ-38）。

図Ⅰ-38　施工例

5.2　わく組足場の解体

わく組足場の解体手順は以下に示すとおりである。

1	関係者以外の立入禁止措置	**4**	昇降階段の取外し
2	水平親綱の設置	**5**	軀体への渡り取外し
3	下桟、交さ筋かい、幅木、層間ネット、建わくの取外し※1	**6**	床付き布わく取外し※2
		7	解体材の荷卸し（クレーン）
		8	水平親綱取外し※2

※1　建築工事用ネットは、適宜取り外す。壁つなぎの取外し、壁の補修は、その壁つなぎの役割が終了した段階で行う。

※2　1つ下の段から上の段のものを取り外す。

●わく組足場解体時の留意事項

解体作業は組立て作業以上に墜落等の危険が大きいので、作業主任者等の指揮のもと、作業手順、保護具の使用の徹底等のルールを必ず遵守すること。

①　解体作業時は解体を急ぐあまり、手順を無視して壁つなぎなどの部材を手当たりしだい取り外さない。足場の安定性が失われ、作業者の墜落や足場自体の倒壊につながる。上の層から一層ずつ解体すること。

②　解体した資材によるつまずきや飛来・落下災害を防止するため、解体資材の整理、整頓を進める。足場上に一時的に仮置きする場合は特に注意するとともに、指示された仮置き場所に置く、小物は袋にまとめるなど決められた事項を遵守すること。

③　筋かい等をロープで荷下ろしする際に、抜け落ちのリスクがあるため、必要に応じてつり袋を使用する。

④　親綱を使用する方法では、解体作業をしている作業場所には常に親綱および親綱支柱を設置して墜落制止用器具を使用し、墜落災害を防止する。例えば5層目で作業をしているのに、4層目から親綱および親綱支柱を取り外さない。

⑤　手すり先行工法を採用していても手順を守らなければ墜落するおそれがある。手すり先行工法での解体は、下層階から上層階の手すりを取り外すルールを遵守する。

⑥　解体作業時に、ブロックごとにつり下ろす「大ばらし」を行う場合は、構成部材の異常や緊結部の緩みがあると、崩壊・落下するおそれがあり非常に危険であるため、十分な注意が必要である。

6 くさび緊結式足場

6.1　くさび緊結式足場の組立て

　くさび緊結式足場（図Ⅰ-39、図Ⅰ-40）は、利便性があり、手すり先行工法も確立されており、建設工事のみならず、製造業、イベント業でも利用され、高層工事でも使用される。部材が棒状のため、開口部から部材が搬入できさえすれば、その先の空間で手すり先行工法によりスピーディーに組み立てることもできる。

　一般的なくさび緊結式足場の組立て方法、手順は以下のとおりである。なお、くさび緊結式足場も、手すり先行工法による組立てが望ましい（6.2 項を参照）。

1	関係者以外の立入禁止・部材の点検	8	床付き布わくの取付け
2	敷板の設置	9	階段わくの取付け
3	脚部の取付け	10	手すり、中桟、幅木の取付け
4	建地（支柱）の取付け	11	筋かいの取付け
5	根がらみの取付け（第一層のみ）	12	壁つなぎの取付け
6	布の取付け	13	1つ上の段について、4以降を繰り返す
7	腕木の取付け		

支柱間の空間いっぱいに使用できる。上下の床の間隔が 1800mm 以上の機材もある。

図Ⅰ-39　くさび緊結式足場の内部

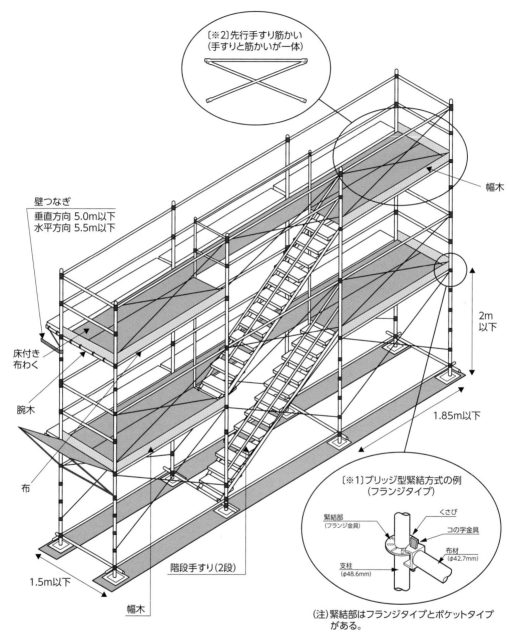

図Ⅰ-40　くさび緊結式足場の例

●くさび緊結式足場組立て時の留意事項

　この足場は接続部分をすべてくさびで緊結していくため、組立てを急ぐあまり、ハンマーで打込みを忘れることのないように注意する。確実に緊結されていない場合、部材が外れたり、足場全体が不安定になり、墜落や倒壊の危険がある。

(1) 支柱の取付け

① 支柱の取付け間隔は桁方向1.85 m以下、はり間方向1.5 m以下とする。支柱脚部には直角2方向に根がらみを設ける。

② 支柱の高さ31 mを超える場合は、支柱の最高部から測って31 m以下の位置に単管足場用鋼管を2本組にする。ただし、一定の強度を有する場合には、この限りではない。

(2) 布の取付け

① 地上第1の布の高さは、2 m以下とする。

② 支柱との接続部分はくさびを確実に打ち込む。打ち込みが不足すると足場全体が不安定になる。

③ 構造物の形状に合わせて曲線対応が可能な機材も開発されているので有効に使用する（図Ⅰ-41）。

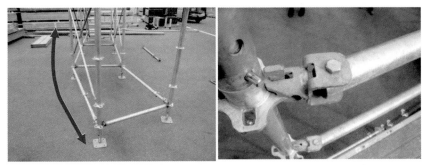

図Ⅰ-41　曲線対応の布材の例

(3) 腕木の取付け

① 腕木は布材を使用している支柱に取り付ける。

② 支柱との接続部分はくさびを確実に打ち込む。

(4) 作業床の取付け

① 床材は幅40cm以上、床材間の隙間は3 cm以下とし、支柱と床材の隙間は12cm未満とする。原則として床材を支柱間いっぱいに敷き並べる。くさび緊結式足場において、床材が移動し、バランスを崩し墜落をした事例もある。

② 床材のフックは確実に布材に取り付け、外れ止めをロックする。

(5) 手すり等の取付け

　手すりは床面から高さ85cm以上の位置に取り付け、中桟は床面から高さ35cm以上50cm以下の位置に取り付ける。

　型枠支保工と足場兼用で使える支柱には、フランジ（緊結部）の間隔が30cm、60cmのものがあり、この資材を使用する場合、中桟の高さが35cm以上50cm以下の位置に取り付けられないため注意されたい（図I-42）。その場合には単管パイプとクランプにより別途、中桟を取り付ける必要がある[※]。

緊結部の間隔が30cm、60cmの機材は中桟位置に注意すること。

図I-42　中桟の位置

(6) 物体の落下防止措置の取付け

　高さ10cm以上の幅木、メッシュシートおよび防網またはこれらと同等以上の機能を有する設備を設ける。

(7) 筋かいの取付け

　足場の座屈（変形）に対する強度を保つため、筋かいをつけて足場全体を補強する。X字構造の斜材付の手すり先行部材を使用している場合には、その斜材の連続が筋かいの役割を果たすため、筋かいは不要である。

[※]　ただし、幅木の上端から中桟の上端までが50cm以下であれば、上記の中桟と同等と解釈される。（平成21年5月15日付け基安安発第0515001号）

6.2　手すり先行工法によるくさび緊結式足場の組立て

●手すり先行工法によるくさび緊結式足場の組立て時の留意事項

　手すり先行工法によるくさび緊結式足場の組立方法は図Ⅰ-43のとおりである。各メーカーが多種多様な機材を開発している。どの機材も正しく使用することで、安全な組立て、解体等作業の実施、作業時間の短縮を実現することができる。しかし、施工が速いからといって、誤った使用方法や組立て、解体の手順を守らないと、その機材の有効性は発揮できない。手すり先行工法の機材を使用していてもルールを守らなければ意味がないことに注意されたい。手すり先行部材には「墜落制止用器具の取付け強度」を有する機材とそうでない機材があるため、墜落制止用器具をかける際は仮設機材メーカーやリース・レンタル会社等に必ず確認してから使用すること。

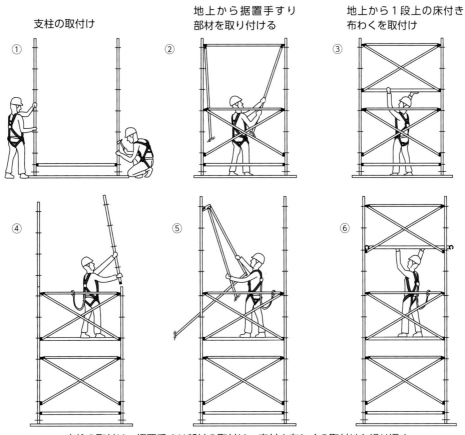

支柱の取付け、据置手すり部材の取付け、床付き布わくの取付けを繰り返す

図Ⅰ-43　手すり先行工法によるくさび緊結式足場の組立手順例

6.3 くさび緊結式足場の解体

●くさび緊結式足場の解体時の留意事項

　解体作業は組立て作業以上に墜落等の危険が大きいので、作業主任者等の指揮のもと、作業手順、保護具の使用の徹底等のルールを必ず遵守して作業する。どんなに高機能な足場機材や工法を使用しても基本的なことを守らなければ、危険な状況になってしまう。

① 　解体作業時は解体を急ぐあまり、手順を無視して壁つなぎなどの部材を手当たりしだい取り外さない。足場の安定性が失われ、作業者の墜落や足場自体の倒壊につながる。上の層から一層ずつ解体すること。

② 　解体した資材によるつまずきや飛来・落下災害を防止するため、解体資材の整理、整頓を進める。足場上に一時的に仮置きする場合は特に注意するとともに、指示された仮置き場所に置く、小物は袋にまとめるなど決められた事項を遵守すること。

③ 　支柱、布材等をロープで荷下ろしする際に、抜け落ちのリスクがあるため、必要に応じてつり袋を使用する。

④ 　解体資材を地上に向かって投げ落としてはいけない。

⑤ 　手すり先行工法を採用していても手順を守らなければ墜落するおそれがある。手すり先行工法での解体は、下層階から上層階の手すりを取り外すルールを遵守する。

7 単管足場

7.1 単管足場の組立て

　単管足場（図Ⅰ-44）は、建地の間隔、布の高さ等に応じて、ある程度自由に組めるため、わく組足場やくさび緊結式足場が組めないような、プラント等の設備、配管周り等が入り組んだ箇所、タンク内部のほか、設置が比較的複雑な形状となる場所などで使用される。また、わく組足場とわく組足場やくさび型緊結式足場とくさび型緊結式足場を接合させる場合等で既成品では組み立てることが困難な箇所にも使用される。

　一般的な単管足場の組立て方法、手順は以下のとおりである。

1	関係者以外の立入禁止・部材の点検	7	腕木の取付け
2	敷板の設置	8	作業床の取付け
3	脚部の取付け	9	壁つなぎの取付け
4	建地の取付け	10	階段わくの取付け
5	根がらみの取付け	11	手すり、中桟、幅木の取付け
6	布の取付け	12	大筋かいの取付け

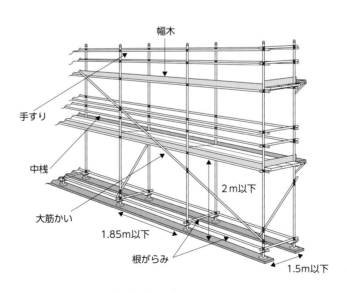

図Ⅰ-44　単管足場の例

● 単管足場の組立て時の留意事項

　この足場は、建地間隔等をある程度自由に組み立てることができるが、法令等に定められた寸法以下の範囲にとどめることが重要である。このことは墜落災害等の防止に加え、単管足場構造が折れ曲がるなど変形しないよう、一定の強度を保つために必要である。

(1) 建地の取付け

① 建地の取付け間隔は桁方向1.85 m以下、はり間方向1.5 m以下とする（図Ⅰ-44）。

② 建地に継手部が生じる時は継手部分が千鳥配置になるように配置する（図Ⅰ-45）。千鳥配置にせず、継手部分を同一の高さに集中させるとそこが弱点になり、全体構造へ影響を与える。また、建地脚部には直角2方向に根がらみを設ける。

　引っ張り、曲げに対する耐力が乏しいため、足場の継手金具には、切り欠き部のない「ボンジョイント」と呼ばれるものは使用できないので注意をする（図Ⅰ-46）。認定品の単管ジョイントを使用する。

③ 建地の高さが31 mを超える場合は、建地の最高部から測って31 m以下の位置に単管足場用鋼管を2本組にする。ただし、一定の強度を有する場合には、この限りではない。例えば40 mの足場を組み立てた場合には建地の最高部から測って31 mより下の9 m部分は、足場用鋼管を2本組にする（図Ⅰ-47）。

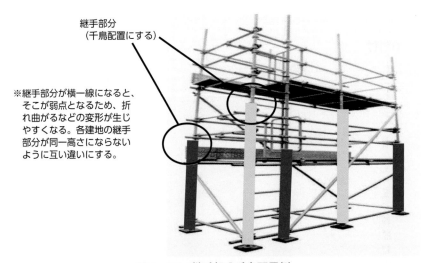

図Ⅰ-45　継手部分千鳥配置例

継手部分
（千鳥配置にする）

※継手部分が横一線になると、そこが弱点となるため、折れ曲がるなどの変形が生じやすくなる。各建地の継手部分が同一高さにならないように互い違いにする。

図Ⅰ-46　ボンジョイントは使用できない（足場不可の刻印あり）

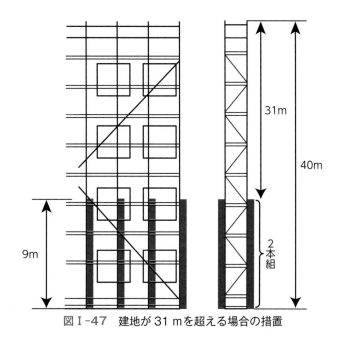

図Ⅰ-47　建地が31mを超える場合の措置

（2）布の取付け

① 　地上第1の布の高さは、2m以下とする。

② 　布に継手部分が生じる場合には千鳥配置とする。

③ 　建地との接続部分は直角方向に交わるので必ず直交クランプを使用すること。

④ 　緊結金具（クランプ）には適正な締め付けトルク（おおむね300〜350kg・cm）がある。直交、自在クランプにはそれぞれ滑りに対しての許容荷重がある。その許容荷重は適正な締め付けトルクで締め付けた時にはじめて発揮される力である。クランプが取り付いてさえいれば、常にその強度が発揮されるわけではないことに注意すること。

（3）腕木（ころばし）の取付け

① 腕木は原則的に建地ごとに取り付ける。必要に応じて布の上に取り付ける。

② 足場板に合わせて腕木の位置を調整する方法をとる場合は、足場の突出し長さが10cm以上20cm以下の位置になるようにする。

（4）作業床の取付け

① 作業床は幅40cm以上、床材間の隙間は3cm以下になるように足場板等を敷き並べる。足場板等は腕木に番線等で固定し動かないようにする。また、建地と作業床の隙間は12cm未満とする。

② 足場板の腕木からの突出し長さは10cm以上20cm以下の位置になるようにする（図Ⅰ-25（33頁）参照）。

③ 特に単管足場は、配管周り等入り組んだ箇所で使用されることが多いため、作業床に隙間が生じやすい。構造物の形状により隙間や開口部が生じる場合は、養生するための機材などを使用して、隙間や開口部をふさいで、墜落や踏み外し等の災害を防止する（図Ⅰ-48、図Ⅰ-49）。

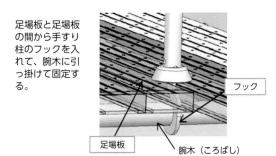

足場板と足場板の間から手すり柱のフックを入れて、腕木に引っ掛けて固定する。

フック / 足場板 / 腕木（ころばし）

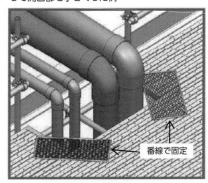

配管のための開口部コーナーに隙間埋め板を使用して開口部を小さくした例

番線で固定

図Ⅰ-48　隙間埋め板の例

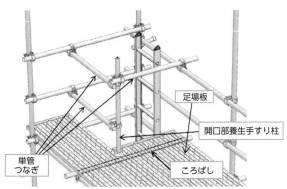

足場板 / 開口部養生手すり柱 / ころばし / 単管つなぎ

図Ⅰ-49　開口部養生部材の例

(5)　手すり等の取付け

　手すりは高さ 85cm 以上のものを取り付け、高さ 35cm 以上 50cm 以下の位置に中桟を取り付ける。

　単管足場は、わく組足場に比べて、先行手すり工法の部材開発が少ない。このため、単管足場の作業床上での作業は、墜落制止用器具の取付け設備に十分配慮しながら作業する（図Ⅰ-50）。プラント工事ではメーカーが開発した墜落制止用器具取付設備の強度を有している専用の治具等を使用している場合もある。

　また、手すりを先行して取り付けられる機材も開発されており、墜落災害防止のため、各事業者はそれぞれの現場の実情に応じて、さまざまな機材を活用していく必要がある。

図Ⅰ-50　墜落制止用器具の取付クランプの例

(6)　物体の落下防止措置の取付け

　高さ 10cm 以上の幅木、メッシュシートおよび防網またはこれらと同等以上の機能を有する設備を設ける。

(7)　筋かいの取付け

　単管足場の座屈（変形）に対する強度を保つため、筋かいをつけて足場全体を補強する。

7.2　単管足場の解体

●単管足場の解体時の留意事項

　解体作業は組立て作業以上に墜落等の危険が大きいので、作業主任者等の指示のもと、作業手順、保護具の使用の徹底等のルールを絶対に遵守すること。

① 　解体作業時は解体を急ぐあまり、手順を無視して壁つなぎなどの部材を手当たりしだい取り外さない。足場の安定性が失われ、作業者の墜落や足場自体の倒壊につながる。上の層から一層ずつ解体すること。

② 　解体した資材によるつまずきや飛来・落下災害を防止するため、解体資材の整理、整頓を進める。足場上に一時的に仮置きする場合は特に注意するとともに、指示された仮置き場所に置く、小物は袋にまとめるなど決められた事項を遵守すること。

③ 　他の作業者が足場板に乗っていた場合に片側端部の番線を切断してしまうと、足場板が動いてバランスを崩し墜落するおそれがあり、また、もう一方の側端部に乗って天秤状態となり墜落するリスクがある。足場板等を固定している番線等の切断は、足場板の上に作業者が乗っていないことを確認してから行う。

④ 　複数のパイプでつながれている建地を解体する場合には、ジョイントのゆるみによる建地パイプの抜け落ちリスクがある（図Ⅰ-51）。ジョイントのゆるみがないか確認するとともに、使用禁止のボンジョイントが使用されていないか注意する。

⑤ 　単管パイプ等をロープで荷下ろしする際は、抜け落ちのリスクがあるため、必要に応じてつり袋を使用する。手渡しで荷下ろしする際は、確実な声かけを行う。

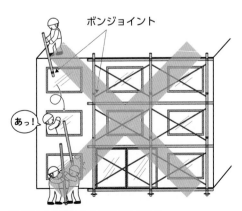

足場解体中に連結していた建地パイプが抜け落ち、地上で作業していた作業者を直撃

原因：使用禁止であるボンジョイントを使用して建地を接続していた。

図Ⅰ-51　解体時の建地パイプの抜け落ち

8 張出し足場

張出し足場は、現場状況により、地面から足場が組み立てられないような箇所に、すでに建設されている軀体に張出し材をアンカーボルト等で取り付け、その上にわく組足場、くさび緊結式足場、単管足場等を組み上げていく足場である（図Ⅰ-52）。

通常の足場は堅固な地面の上に組み立てていくことが重要であるが、この足場は張出し材の強度および取り付けるアンカーの強度を十分に検討する必要がある。強度を検討せず施工すると、足場の崩壊、倒壊災害につながるおそれがある。

この足場は、高さに関係なく足場の組立て等作業主任者の選任が必要である。

8.1　張出し足場の組立て

一般的な張出し足場の組立て方法、手順は以下のとおりである。

1	関係者以外の立入禁止・部材の点検	6	張出し材取付け用足場の準備
2	張出し材、アンカーボルトの準備	7	張出し材の取付け
3	型枠へのアンカーボルトの墨出し	8	大引、根太、作業床、幅木の取付け
4	型枠へのアンカーボルトの取付け		
5	コンクリート打設	9	足場の組立て

●張出し足場の組立て時の留意事項

この足場は、張出し材によって支えられた構造の足場であるため、張出し材の施工をしっかり行うことが重要である。使用する部材、固定するアンカー等の強度を十分確認することに併せて、適切な施工をすること。なお、足場の高さ等の規模に関係なく足場の組立て等作業主任者の選任が必要な構造の足場であるため、特別教育修了者のみでの施工は行わないこと。

(1)　張出し材の取付け

張出し材は一般的にH形鋼による単材式とアングル等によるトラス式等がある。これらの張出し材を計画された位置に所定のアンカー材によって固定する（図Ⅰ-53）。

a）建設現場

b）造船現場①

c）造船現場②

図Ⅰ-52　張出し足場施工例

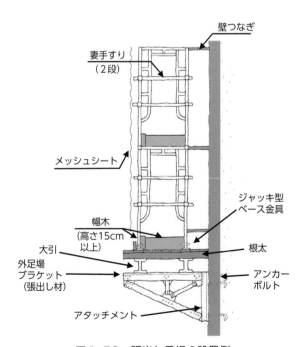

図Ⅰ-53　張出し足場の設置例

　アンカーボルトで固定するための張出し材の穴がルーズホール（アンカーボルトの径より穴が大きいこと）になっていないかを必ず確認する。ルーズホールになっている張出し材は使用しないこと。このルーズホールの一つの原因として、ガス溶断機等を使用して、アンカーボルトを現場で施工することが多く、その際にアンカーボルトの接続穴を大きく開けすぎてしまうことが挙げられる。

　なお、張出し材、大引材、根太材等の取付けには、クレーン、高所作業車等を使用することが望ましい。

(2) 足場の組立て

　張出し材の上に大引き材、根太材、作業床等を取り付け、その上にわく組足場、くさび緊結式足場、単管足場等を組み立てていく。

8.2　張出し足場の解体

●張出し足場の解体時の留意事項

① 　張出し材等の解体時は、墜落制止用器具の取付け設備を設け、墜落制止用器具を必ず取り付けて作業を行う。

② 　張出し材、大引材、根太材等の解体にはクレーン、高所作業車等を使用することが望ましい。また、溶断して取り外す際は、火花の飛散による火災を防止するため養生を行い、消火設備を用意し、クレーン等でつった状態で行う。

9 ブラケット一側足場

ブラケット一側足場は、近接して構造物がある、敷地が狭い等の理由により、わく組足場、単管本足場等が組み立てられないような箇所に設ける※、単管とブラケット（持送りわく）を組み合わせた足場である（図Ⅰ-54）。

※ 安衛則第561条の2では、「事業者は、幅が1m以上の箇所において足場を使用するときには、本足場を使用しなければならない。」と記載されている。ただし、障害物の存在その他足場を使用する場所の状況により本足場を使用することが困難なときには、この限りではない。

9.1 ブラケット一側足場の組立て

一般的なブラケット一側足場の組立て方法、手順は以下のとおりである。

1	関係者以外の立入禁止・部材の点検	7	ブラケットの取付け
2	敷板の設置	8	作業床の取付け
3	脚部の取付け	9	壁つなぎの取付け
4	建地の取付け	10	大筋かいの取付け
5	根がらみの取付け	11	はしごの取付け
6	布の取付け	12	手すり、中桟、幅木の取付け

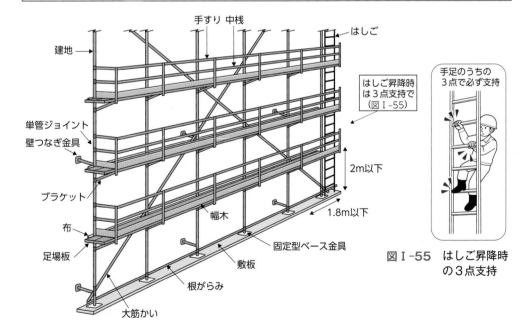

図Ⅰ-54　ブラケット一側足場の組立て例

図Ⅰ-55　はしご昇降時の3点支持

●ブラケット一側足場の組立て時の留意事項

この足場は建地が1本で構成されているため、組立て開始後に控えパイプをとるか、壁つなぎ等で構造物と一体とし、倒壊することのないように組み立てていく必要がある。また、作業幅が狭くなるため、昇降階段等の設置が困難な場合には、はしごの使用やハッチ式の床付き布わく等の使用等により適切な昇降設備を設けることで、よじ登り等の不安全行動を防止する必要がある。

(1)　建地の取付け

① 建地の取付け間隔は桁方向1.8 m以下とする。

② 建地に継手部が生じる時は、継手部分が千鳥配置になるように配置する（図Ⅰ-45（52頁）参照）。千鳥配置にせず、継手部分を同一断面上に集中させるとそこが弱点になり、全体構造へ影響を与える。また、継手金具には摩擦型ジョイント（ボンジョイント）は使用が禁止されているので注意をする。

③ 建地の高さが15 mを超えた場合、建地の最高部から15 mよりも下の部分は建地を2本組とする。

(2)　布の取付け

① 地上から1段目の布の高さは、2 m以下とする。

② 建地との接続部分は直角方向に交わるので必ず直交クランプを使用する。

③ 緊結金具（クランプ）には適正な締め付けトルク（おおむね30〜35N・m（約300〜350kg・cm））がある。直交、自在クランプにはそれぞれ滑りに対しての許容荷重がある。その許容荷重は適正な締め付けトルクで締め付けた時にはじめて発揮される力である。クランプが取り付いてさえいれば、常にその強度が発揮されるわけではないことに注意されたい。

(3)　ブラケットの取付け

ブラケットを建地に取り付ける（図Ⅰ-56）。**(2)** ③と同様に、適正な締め付けトルクで締め付ける。

(4)　作業床の取付け

① 作業床は幅40cm以上とする。ただし、敷地が狭い場合には24cm以上とする場

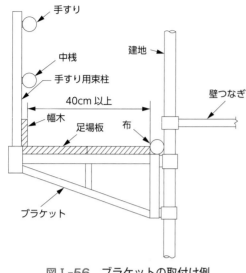

手すり

中桟

手すり用束柱

建地

壁つなぎ

40cm 以上

幅木

足場板　　布

ブラケット

図Ⅰ-56　ブラケットの取付け例

合が多い。床付き布わくを使用することも多い。

② 足場板の腕木からの突出し長さは 10cm 以上 20cm 以下の位置になるようにする。また、重ね合わせで継手を行う場合は、支持点の上で足場板を重ね、重ねた部分の長さは 20cm 以上とする（図Ⅰ-25（33 頁）参照）。

(5) 筋かいの取付け

ブラケット一側足場の座屈（変形）に対する強度を保つためにも、筋かいを付けて足場全体を補強すること。

(6) 昇降設備の取付け

ブラケット一側足場は狭いため、昇降階段を取り付けることが困難な場合には、はしご等を使用する場合がある。はしごは上層の床面より 60cm 以上突き出すように設置する。最近ではハッチ式の床付き布わくもあるため、それを使用する場合がある。

(7) 手すり等の取付け

墜落による危険のあるときは、手すりは高さ 85cm 以上の位置に取り付け、中桟は高さ 35cm 以上 50cm 以下の位置に取り付ける。

(8) 物体の落下防止措置の取付け

高さ 10cm 以上の幅木、メッシュシートおよび防網またはこれらと同等以上の機能を有する設備を設ける。

9.2　ブラケット一側足場の解体

ブラケット一側足場の解体については単管足場の解体（56 頁）を参照のこと。

10 棚足場

棚足場は、図Ⅰ-57 に示すように、最上層を作業床とした足場である。わく組足場構造、単管足場構造、くさび緊結式足場構造等各種足場を大筋かい等で連係し一体化させ、最上層に大引きを架け渡したところに作業床を敷きつめる。組立てには通常の足場同様に法令等を遵守しなければならない。棚足場は倉庫、体育館等の屋上等、面積が比較的広い場所の施工に使用されている。

● 棚足場の組立て時の留意事項

棚足場の組立てにおいては、作業床の幅を 40cm 以上（床付き布わくであれば幅 40cm 以上のもの、足場板であれば 2 枚敷き等）確保し、墜落制止用器具を安全に取り付けるための設備を設け、墜落制止用器具を確実に使用しながら進めていく必要がある。

最上層の作業床には墜落防止措置として手すりおよび中桟等を設け、物体の落下防止措置として幅木等を設けること。

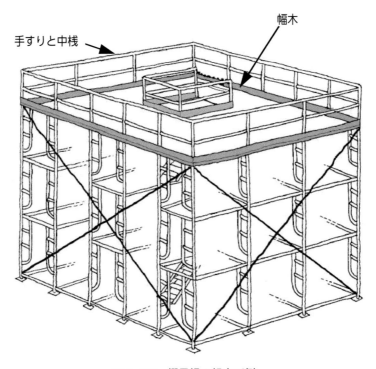

図Ⅰ-57　棚足場の組立て例

第Ⅰ編　足場および作業の方法に関する知識

11 その他の足場

　その他の足場として、鉄骨梁に取付プレート等を溶接し、床付き布わく等を設置して連続させるつりわく足場や、低層の木造住宅建築などで使用される丸太足場があるが、それぞれ使用頻度は低い。

　また、地面から建地を建てられないような場所で既設構造物等からチェーン等をつり材とし、単管足場用鋼管（単管パイプ）と緊結金具（クランプ）を用いて、おやご（桁方向のパイプ）と根太（ころばしパイプ）を組み立て、そこに足場板を架設する、つり棚足場がある（図Ⅰ-58）。多くは橋梁工事等の土木工事で使用されるが、プラント、建築工事、造船等でも一定の強度を有した既設構造物があれば、それらをつりチェーン等の取付け設備として使用される（図Ⅰ-59）。

●つり棚足場の組立て時の留意事項

　つり棚足場は強度検討を十分に行い、つりチェーン取付け間隔、おやご、ころばし（根太）取付け間隔は計画通りに行うこと。必要数が取り付いていないと足場の崩壊災害につながり非常に危険である。

　また、この足場は規模に関係なく足場の組立て等作業主任者の選任が必要な足場の構造であるため、特別教育修了者のみで組み立てることはできない。

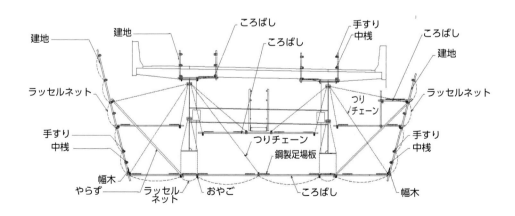

図Ⅰ-58　つり棚足場の施工例

図Ⅰ-59　つり棚足場の設置例（造船現場）

12 登り桟橋

登り桟橋は足場間の昇降設備や足場への昇降設備および機材運搬に使用する（図Ⅰ-60）。

●登り桟橋の取付け時の注意事項

① 高さ7m以内ごとに踊り場を設けること（安衛則第552条）。

② こう配は30度以下にすること。ただし、15度を超える場合には、踏桟その他のすべり止めを設けること（安衛則第552条）。

③ こう配に沿って、高さ85cm以上の手すりおよび高さ35cm以上50cm以下の位置に中桟等を設けること（安衛則第552条）。また、必要に応じて幅木等を設ける。

④ 足場板等を使用する場合は、足場板の支持間隔が1.8m以内にすること。

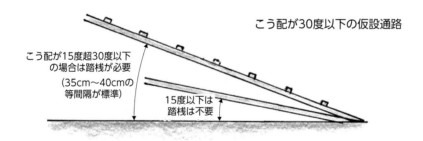

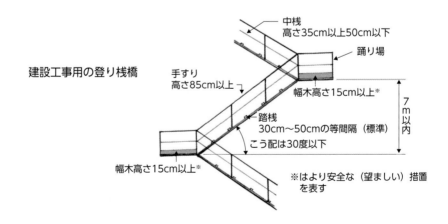

図Ⅰ-60 登り桟橋の設置

13 防護棚（朝顔）

　防護棚（朝顔）は、建築工事現場等から近隣に資材等が落下することにより発生する公衆災害を防止するために設置されるものである（図Ⅰ-61）。

　種類としては、現場で単管、緊結金具、棚板等を適切に組み合わせて設置するものと専用部材で構成されたシステム部材を用いて所定の箇所に取り付けるものがある。公衆災害の防止のため、「建設工事公衆災害防止対策要綱 建築工事等編」（令和元年9月2日国土交通省告示第496号）において、以下の基準（要約）が示されている。

① 　外部足場から、ふ角75度を超える範囲または水平距離5m以内の範囲に隣家、一般の交通等がある場合には、足場の必要な部分を鉄網もしくは帆布で覆い、ア〜エにより防護棚を設ける。

　　ア　工事を行う部分が地上から10m以上の場合は1段以上、20m以上の場合は2段以上設ける※

※一般的には、1段目は地上から4〜5mに、2段目以上は下の段より10m以内ごとに設置する。

　　イ　最下段の防護棚は、工事を行う部分の下10m以内の位置に設ける

　　ウ　防護棚は、隙間がないもので、十分な耐力を有する適正な厚さであること

　　エ　水平距離で2m以上突出させ、水平面となす角度を20度以上とし、風圧、振動、衝撃、雪荷重等で脱落しないよう堅固に取り付ける

② 　防護棚を道路上空に設ける場合は、道路管理者、所轄警察署長の許可を受ける。

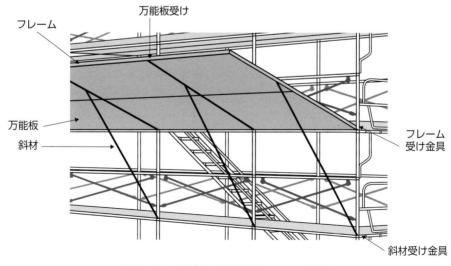

図Ⅰ-61　防護棚の設置例（システム部材）

14 足場の点検、補修

　足場の点検については、「点検者」「点検時期」「点検箇所」が労働安全衛生法令に定められている。また「足場からの墜落・転落災害防止総合対策推進要綱（令和5年3月14日基安発0314第2号）」（以下、推進要綱）では、具体的な点検者の要件およびチェックリストが示されている。

　足場は現場に係るすべての作業者が使用するものである。足場を正しく安全なものに組立て等し、かつ、足場を安全に使用するために、足場の点検、補修をして、足場を維持管理していくことが大切である。足場の点検、補修は、足場の組立て等の一環であり、安全上、極めて重要である。

　安衛則では、「足場の点検者については、注文者と足場を使用する各事業者が点検者を指名して点検する」ことが定められ、組立後等の点検については、点検表等に「点検者の氏名」を記載することとされている。

　点検すること自体が目的ではなく、「常に安全に安心して作業できる環境を維持する」ことが真の目的である。

(1) 使用開始前点検

　足場が正しく組まれていないことばかりが理由でなく、作業の必要性から一時的に手すりを外した場合などに正しく元に戻されていないことがある。このため、その日の足場の使用を開始する前に、手すり等の異常の有無について点検し、異常があれば、直ちに補修する必要がある。異常がある状態のまま作業にあたってはならない。

　作業開始前点検は、足場を共同使用する場合などで、たとえ他社の作業者が点検をしていても、自社が作業を開始する前にその作業者が点検すること。

　推進要綱では作業開始前点検実施者は職長等当該足場を使用する労働者の責任者から指名することとなっている。

(2) 悪天候等の後、足場の組立て後等の点検

　事業者は、悪天候等（表Ⅰ-3）の後や足場の組立て後等には、足場を使用して作業を開始する前に足場を点検し、異常があれば、直ちに補修する必要がある。また、工事の影響等から地面が沈下し、足場脚部が沈下したり、地面から浮いてしまうといったこともある。異常がある状態のまま作業にあたってはならない。

　点検結果は、記録し、保存しなければならない。点検箇所には、床材の損傷、掛け渡し状態、手すり等の取付け状態、壁つなぎ等の補強材の取付け状態、足場脚部の状態等があり（安衛則第 567 条第 2 項）、点検表を作成しておくとよい。

　注文者も同様に足場の組立て後や悪天候等の後には、請負人の労働者に足場を使用させる前に点検をする必要がある。

　推進要綱では足場等の組立て・変更時等の点検実施者は足場の組立て等作業主任者能力向上教育を受講している者、労働安全コンサルタント（区分が土木または建築）、計画作成参画者に必要な資格を有する者、「仮設安全監理者資格取得講習」を受けた者、「施工管理者等のための足場点検実務研修」を受けた者等、足場に関しての十分な知識・経験を有する者を指名することとなっている。

　強風等悪天候時における措置（作業の禁止、悪天候時前後の措置など）については、第Ⅱ編第 3 章で解説する。

表Ⅰ-3　悪天候等とは

・強風：10 分間の平均風速　10m/ 秒以上
・大雨：1 回の降雨量が 50mm 以上
・大雪：1 回の降雪量が 25cm 以上
・中震以上の地震：震度 4 以上

（労働省通達　昭和 46 年 4 月 15 日　基発第 309 号）

【参考】　足場点検に関する早見表

点検時期	点検者	点検箇所	備考
・その日の作業を開始する前	事業者が指名する者	安衛則第 567 条第 1 項記載	推進要綱点検実施者要件あり
・足場の組立て、一部解体、変更後・悪天候等後	事業者が指名する者	安衛則第 567 条第 2 項記載	推進要綱点検実施者要件あり
	注文者が指名する者	安衛則第 655 条第 1 項第 2 号記載	推進要綱点検実施者要件あり

【参考】足場の点検による不具合発見事例

床材間の隙間あり

床材が取り外されている

手すりが取り外されたまま

手すりが取り外されたまま

根がらみの未設置

地面が沈下し宙に浮いた脚部

つかみ金具が外された壁つなぎ

第II編

工事用設備、機械、器具、作業環境等に関する知識

第II編のポイント

☑ 足場の組立て等の作業にはクレーンやフォークリフト、高所作業車等が使用される。これらの運転や玉掛け作業等では、それぞれの有資格者が作業を行う。周囲で作業する場合も、走行ルートやつり荷の下に立ち入らないよう注意する。

☑ 工具・用具の種類や使い方を知り、作業に合ったものを使用する。工具等を足場上から落とさないよう気をつける。

☑ 強風、大雨、大雪等の悪天候時の足場上での作業は安衛則で禁止されている。悪天候が予想される前は壁つなぎの補強やシートの取外しなどを考慮する。また、悪天候後や震度4以上の地震後は、使用再開前に注文者（足場を設置）と足場を使用する各事業者が点検者を指名して点検を行う。

第1章 クレーン等揚重機や運搬機械の取扱い

1 クレーンに関わる作業

　足場の組立て等の作業には各種の揚重機や運搬機械が使用される。その中でもクレーン等の揚重機の使用頻度が高く、また、災害発生の危険性も高いため、足場の組立て等の作業では、揚重機を使用する者、補助作業者、周囲で作業する者、すべてが注意しなければならない。

　足場の組立て等の作業で使用されるクレーンには次のような形式がある。

① 軌道走行式クレーン

② 移動式クレーン（移動式クレーンには、大別して「車両積載型トラッククレーン」「ラフテレーンクレーン」「クローラクレーン」がある。）（図Ⅱ-1）

　工場内で行われる足場の組立て等の作業には、工場内に設置されたクレーン等がよく使用される。工事の現場では工事計画に従って設置されるラフテレーンクレーンやクローラクレーンが使用されることが多い。

　また、車両積載型トラッククレーンは小型ゆえの便利さから小規模工事にも数多く使用されている。このトラッククレーンを例として、クレーン等を使った作業での安全のポイントを以下に例示する。

車両積載型トラッククレーン
（通称：ユニック）

ラフテレーンクレーン
（通称：ラフター）

クローラクレーン

図Ⅱ-1　クレーンの種類

●クレーン作業の安全ポイント

　図Ⅱ-2 で示す安全のポイントのほか、特に注意しなければならないのは、アウトリガーの張り出し不足に、1) 定格荷重の超過、2) 急な旋回、3) 軟弱な地盤、4) アウトリガー沈下防止用の敷板設置忘れ等の要因が重なり、クレーンが転倒することによる災害が多く発生していることである。この災害は特にトラッククレーンで発生しやすく、注意が必要である。

　このほか、足場の組立て等の作業に関わるクレーン作業および玉掛け作業に共通する事項は次のとおりである。

① 　クレーンの操作はクレーン等に関する有資格者が行う（表Ⅱ-1、図Ⅱ-3）。

② 　つり荷の玉掛けは玉掛けに関する有資格者が行う（表Ⅱ-2）。

③ 　クレーン等は年次点検、月例点検、作業開始前点検を行って、合格したものでなければ使用してはならない。

④ 　玉掛け作業に使用する玉掛けワイヤ等のつり具は月例点検、作業開始前点検を行って、合格したものでなければ使用してはならない。

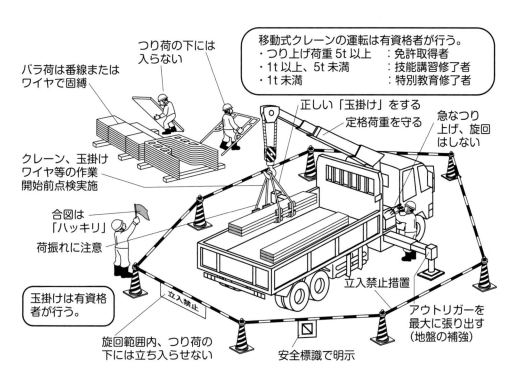

図Ⅱ-2　車両積載型トラッククレーン作業の安全ポイント

表Ⅱ-1　クレーンの運転資格等

クレーンの種類	運転できる者
つり上げ荷重5t以上のクレーン	クレーン・デリック運転士免許取得者
つり上げ荷重5t以上の移動式クレーン	移動式クレーン運転士免許取得者
つり上げ荷重5t以上の床上操作式クレーン	床上操作式クレーン運転技能講習修了者 ※床上運転式クレーン（クレーン走行時のみ運転者が荷と共に移動する方式（図Ⅱ-3））には限定免許が必要
つり上げ荷重1t以上5t未満の移動式クレーン	小型移動式クレーン運転技能講習修了者
つり上げ荷重5t未満のクレーン（床上操作式、床上運転式を含む）	クレーン特別教育修了者
つり上げ荷重1t未満の移動式クレーン	移動式クレーン特別教育修了者

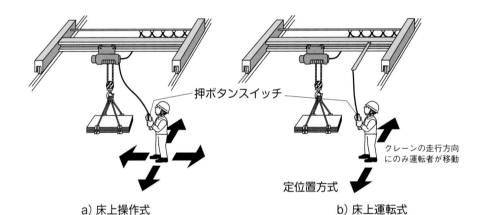

a）床上操作式　　　　　　　　　　　　b）床上運転式

図Ⅱ-3　床上操作式と床上運転式の違い

表Ⅱ-2　玉掛け作業を実施できる者

玉掛けの種類	作業できる者
つり上げ荷重1t以上のクレーン、移動式クレーンの玉掛け作業	玉掛け技能講習修了者
つり上げ荷重1t未満のクレーン、移動式クレーンの玉掛け作業	玉掛け特別教育修了者
※玉掛け作業はその補助作業については有資格者以外でも行うことができるが、必ず有資格者の指揮のもとで行わなければならない。	

⑤　足場ワイヤ、台付けワイヤ等を玉掛け作業には使用してはならない（図Ⅱ-4）。

　※台付けワイヤ：荷固縛用やけん引用に用いられるワイヤ

玉掛けワイヤ　ひげ数 計 12※
半差し
差し終わりが細い

台付けワイヤ　ひげ数 計 6
丸差し
差し終わり部分に段がある

図Ⅱ-4　ワイヤの見分け方の例

⑥　クレーンの稼働範囲内に電線があるときは電線に防護措置を行う。

⑦　玉掛けの合図は主玉掛け者を定め、その者が合図を行う。

⑧　玉掛けの合図は各事業場で統一した合図を定め、その合図により実施する（図Ⅱ-5）。

⑨　その他、クレーン等の資格取得時、または玉掛けの資格取得時に受けた教育の内容による。

1　呼び出し
手旗を高く上げる。必要に応じて笛の長吹きを併用する。

2　位置の指示
なるべく近くの場所に行き、ジブを下げ、旗で示す。

3　巻上げ
手旗を上に上げて輪を描く。

図Ⅱ-5　旗による合図（一本旗による合図）の例

※　玉掛けワイヤはアイスプラス加工を行う際に、ストランドの素線の半数を切断して加工するため、ひげが 12 本現れる。

2 フォークリフト等の運搬機械に関わる作業

　足場の組立て等の作業には資機材の移動にフォークリフト等が頻繁に使用される。このため、足場の組立て等の作業に関わる作業者はフォークリフト等の作業について、十分な知識を有していなければならない。

●フォークリフト作業の安全ポイント

　フォークリフト作業に関わる安全のポイントは次のとおりである（図Ⅱ-6）。

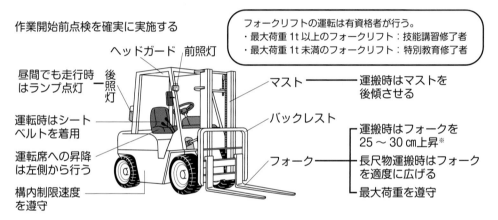

図Ⅱ-6　フォークリフト作業の安全のポイント

　フォークリフト作業に関わるその他の安全ポイントには以下のようなものがある。

① 　年次点検（特定自主検査）、月例点検が行われているものにつき、作業開始前点検を行って使用する。

② 　運行はフォークリフトの作業指揮者の指揮のもとに、作業計画に基づいて行う。

③ 　ほかの作業者に接触するおそれのある場所、路肩、傾斜地等では安全確認のため誘導者を配置する（図Ⅱ-7）。

④ 　運搬物で視野が妨げられる場合は後進運転で運行する（図Ⅱ-7）。また、荷を積んで坂を降りる時も後進で運転する。

⑤ 　フォークの幅に比して極端に長い物、高い物は運搬しない。

⑥ 　バックレストの高さを超えて荷を段積みするとき、荷崩れのおそれのあるときは、荷を固縛する。

誘導者の配置　　　　　　　　　　　　　　　　　後進運転

図Ⅱ-7　誘導者の配置と後進運転

⑦　急旋回、急ブレーキ等の無謀な運転はしない。

⑧　フォークにワイヤを直に掛けて荷をつらない。

⑨　フォークの先端で荷をこじったりしない。

⑩　クレーンレールの横断、交差点、建屋の出入り口では一旦停止（指差し呼称で確認）。

⑪　運転席を離れるときはフォークを地上に下ろし、サイドブレーキをかけ、エンジンを停止する。

⑫　その他、フォークリフトの資格取得時に受けた教育の内容による。

※　フォークリフトによる荷の運搬時のフォークの高さについては、『フォークリフト運転士テキスト』（中災防）等では「床上から 15 〜 20cm」などと記述されているところであるが、前頁の図Ⅱ-6「フォークリフト作業の安全のポイント」では「25 〜 30cm」とした。これは、前者が平たんな床面を想定しているのに対し、本書が対象とするプラントや造船、建設等の現場では、路面が未整備の箇所も少なくないことから、路面の凹凸にパレットや荷の底が引っかかることを防ぐために高めの数字を記している。現場の路面の状況に応じた高さにして作業を行うことが望ましい。

3 高所作業車等の移動式作業床に関わる作業

　足場の組立て、解体作業時に高所作業車を使用することがある。高所作業車は正しく使用すれば、足場の組立て等の作業を安全に、かつ効率的に実施できる。

　特に、張出し足場の組立ての最初の段階、または最終段階における張出し材等の取付け、取外しや足場板のかけバラシの作業には高所作業車を使用することが多い。

◉ 高所作業車等の移動式作業床に関わる作業の安全ポイント

　高所作業車には①トラック式②ホイール式③クローラ式などがあるが、それぞれの使用用途に合わせ、使用時の安全ポイントには以下のようなものがある（図Ⅱ-8、図Ⅱ-9）。

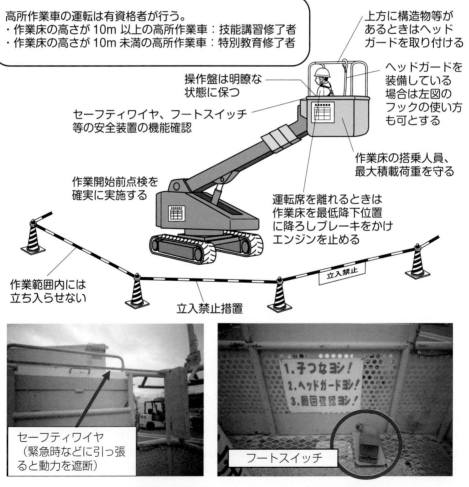

高所作業車の運転は有資格者が行う。
・作業床の高さが 10m 以上の高所作業車：技能講習修了者
・作業床の高さが 10m 未満の高所作業車：特別教育修了者

上方に構造物等があるときはヘッドガードを取り付ける

操作盤は明瞭な状態に保つ

ヘッドガードを装備している場合は左図のフックの使い方も可とする

セーフティワイヤ、フートスイッチ等の安全装置の機能確認

作業床の搭乗人員、最大積載荷重を守る

作業開始前点検を確実に実施する

運転席を離れるときは作業床を最低降下位置に降ろしブレーキをかけエンジンを止める

作業範囲内には立ち入らせない

立入禁止

立入禁止措置

セーフティワイヤ
（緊急時などに引っ張ると動力を遮断）

1.子つなヨシ！
2.ヘッドガードヨシ！
3.周囲確認ヨシ！

フートスイッチ

図Ⅱ-8　高所作業車の安全のポイント（クローラ式高所作業車の例）

① 年次点検（特定自主検査）、月例点検が行われているものにつき、作業開始前点検を行って使用する。

② 運行は作業指揮者の指揮のもとに行う。

③ 同時に三方向の操作は行わない（走行、旋回、起伏、伸縮による上下・左右・前後方向の操作）（図Ⅱ-10）。

④ 高所作業車のカゴから身を乗り出して作業をしない。

⑤ 高所作業車のカゴの中桟に足を掛けて立たない。

⑥ トラック式、ホイール式等のアウトリガーを有する高所作業車は、アウトリガーを最大に張り出し、すべてのジャッキを確実にセットする（図Ⅱ-11）。また、軟弱地では敷板等で養生を行う。

⑦ その他高所作業車の資格取得時に受けた教育の内容による。

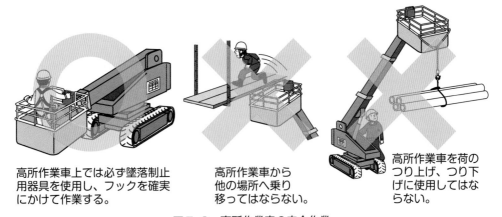

高所作業車上では必ず墜落制止用器具を使用し、フックを確実にかけて作業する。

高所作業車から他の場所へ乗り移ってはならない。

高所作業車を荷のつり上げ、つり下げに使用してはならない。

図Ⅱ-9　高所作業車の安全作業

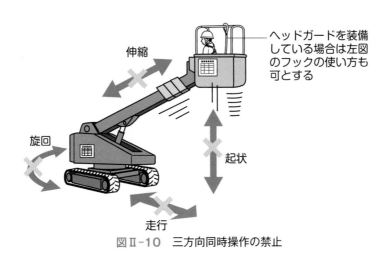

伸縮

ヘッドガードを装備している場合は左図のフックの使い方も可とする

旋回

起状

走行

図Ⅱ-10　三方向同時操作の禁止

①アウトリガーは最大に張り出す。

②すべてのジャッキを確実にセットする。

図Ⅱ-11　アウトリガーの使用

4 電動ホイスト（エアホイスト）に関わる作業

　足場の組立て等の作業においてクレーン等の揚重機が使用できない場所では、電動ホイスト（エアホイスト）を用いて、足場の資機材の搬出入を行うことがある。

　建屋内、船倉、タンク、ピット等への資機材の搬出入における安全のポイントは次のとおりである。

① ホイストは構造物または三脚に確実に取り付けて使用する。

② 上下作業となることが多いので、作業間の連絡調整や作業者同士がよく声をかけ合って作業を進める。

③ 足場上や開口部等での荷の引き出し、引き込み等の作業が発生するので、引き込まれて転落しないよう措置を講ずる（図Ⅱ-12）。

④ 電動ホイスト等の定格荷重を厳守する。定格荷重が分からない場合は確認する。

⑤ 搬出入のため、臨時に手すり等を外した場合は、作業終了後すぐに元に戻す。

⑥ 月例点検、作業開始前点検を確実に実施する。

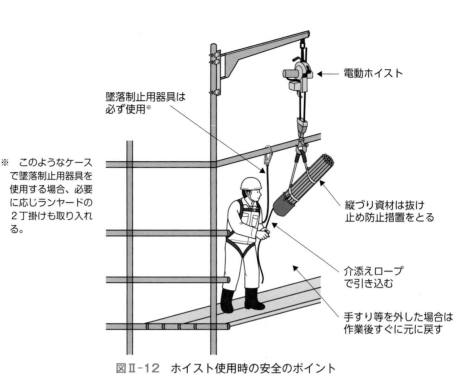

※　このようなケース
で墜落制止用器具を
使用する場合、必要
に応じランヤードの
２丁掛けも取り入れ
る。

墜落制止用器具は
必ず使用※

電動ホイスト

縦づり資材は抜け
止め防止措置をとる

介添えロープ
で引き込む

手すり等を外した場合は
作業後すぐに元に戻す

図Ⅱ-12　ホイスト使用時の安全のポイント

【参考】

　造船業の足場作業においては、解体作業の最終工程で、高所作業車を使用して、足場板、張出し材等を撤収することがあるが、高所作業車の能力が及ばないケースなど、作業の性質上やむを得ない場合には、特例としてクレーンで専用の搭乗設備をつって、作業床として使用することが認められている（図Ⅱ-13）。

　この場合、搭乗設備の転位・脱落の防止や作業者の墜落防止措置を確実に行い、かつ十分に点検する必要がある。

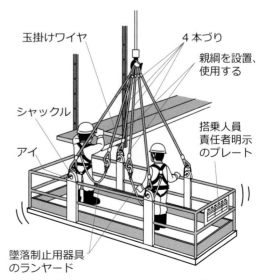

玉掛けワイヤ

４本づり

親綱を設置、
使用する

シャックル

搭乗人員
責任者明示
のプレート

アイ

墜落制止用器具
のランヤード

図Ⅱ-13　専用設備をクレーンでつって作業床とする特例

第2章 足場組立て等の作業に使用する工具、器具等

1 足場の組立て等の作業に使用する工具

　足場組立て等の作業者が使用する工具には、図Ⅱ-14、図Ⅱ-15のようなものがある。いつでも使えるようにと、たくさんの工具を腰ベルトに下げているケースが散見されるが、便利さとは裏腹に自身が支えなければならない重量が増加して、墜落・転落のリスクが増加することになる。

　腰ベルトに下げる工具は、作業に適し、かつ必要最低限のものに留め、使用頻度の少ない工具は、工具袋等に格納し、移動の際の墜落等のリスクを低減することが肝要である。また、足場の組立て等の作業は高所作業が多く、工具類を落とすと思わぬ方向にまで飛んでいくおそれがあるので、腰ベルトに下げる工具類は落下防止ひも（伸縮帯ひも等）を装備すると安全である。

　各工具類は使用前に確実に点検を行い、不良品は使用しない。

専用ベルト金具（工具ホルダー）　　落下防止ひも
を使用

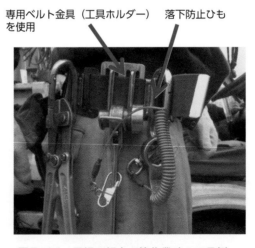

図Ⅱ-14　足場の組立て等作業時の工具例

工具の名称	使用目的	使用時の安全上の注意
しのう（しの） 	固縛番線（なまし鉄線）を固縛するために使用する。 ラチェット、めがねスパナ部はボルト、クランプの取付け・取外しに使用する。	・木製足場板に突き立てたりしない。 ・落下防止ひもを取り付ける。 ・専用ベルト金具で保持する。 ・勝手な改造はしない。
カッター 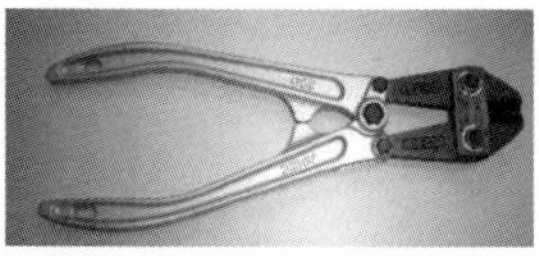	固縛番線（なまし鉄線）を切断するために使用する。	・刃の当たりを調整し、切れ味良く保つ。 ・落下防止ひもを取り付ける。 ・専用ベルト金具で保持する。
めがねスパナ 　　モンキースパナ ラチェットスパナ 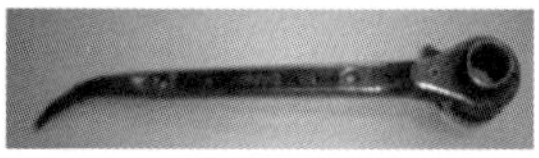	 ボルト、クランプの取付け・取外しに使用する。 めがねスパナは電動式も使用される。	・落下防止ひもを取り付ける。 ・専用ベルト金具、カラビナ、革製ホルダー等に収納する。 ・勝手な改造はしない。 ・モンキースパナは強く締めつける作業には使用しない。
ペンチ 	番線（なまし鉄線）の切断などに使用する	・落下防止ひもを取り付ける。 ・革製ホルダーに収納する。
ナイフ 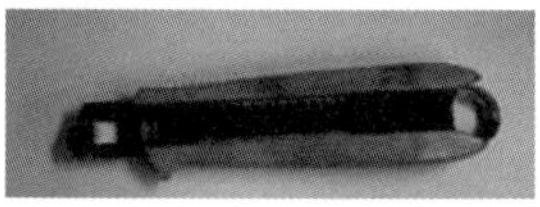	固縛用のひも等を切断する。	・落下防止ひもを取り付ける。 ・未使用時は刃を収納する。 ・革製ホルダーに収納する。
のこぎり 	木製足場、丸太等を切断する。	・定期に目立てを行い、切れ味を確保する。 ・未使用時はカバーをかけて刃を収納する。
木製・ウレタン・金属ハンマー 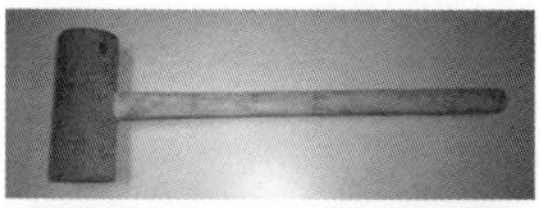 	くさび緊結式足場組立て時等のくさびの打込み、取外しに使用する。	・落下防止ひもを取り付ける。

図Ⅱ-15　足場作業に使用する工具の種類と安全上のポイント

2 足場の組立て等の作業に使用する器具

足場の組立て等の作業には次に示す器具類を使用することにより、安全な作業が実施できる。適正な器具を点検し、正しく使用する（図Ⅱ-16）。

器具の名称	使用目的	使用時の安全上の注意
つり網（モッコ）	安全ネット、足場ワイヤロープ等の不定形なものをクレーン等で運搬するときに用いる。	・重量のあるものを運ぶときにはワイヤ製のものを使用する。 ・つり具として、定期点検、使用開始前点検を確実に実施する。 ・点検の結果、不具合のあるものは使用しない。 ・網目から落下するおそれのあるものを運搬するときは、敷もの等を用いて落下防止措置を講ずる。 ・玉掛けは有資格者が行う。
つり袋（通称：はかま）	ボルト・ナット等の小物を収納し、または運搬するときに使用する。また、手すりパイプ等の長尺物を縦づりするときに左図のような方法にて使用する。	・つり具として、月例点検、使用開始前点検を確実に実施する。 ・点検の結果、不具合のあるものは使用しない。 ・玉掛けは有資格者が行う。
鋼製パレット（詳細は下写真（例）を参照）	手すりパイプ、ブラケット、スタンション、クランプなどのバラ荷の格納、整理またはフォークリフトやクレーン等による運搬作業に使用する。	・定期に点検し、不具合のあるものは使用しない。 ・フォークリフトでの運搬作業はフォークリフトの有資格者が行う。 ・クレーンによる運搬作業は玉掛けおよびクレーン等の有資格者がそれぞれ行う。玉掛けワイヤは月例点検および使用開始前点検で合格したものを使用する。

ブラケット、スタンションの格納・運搬に使用する鋼製パレット

手すりパイプや筋かいの格納・運搬に使用する鋼製パレット

クランプなどの小物金物の格納・運搬に使用する鋼製パレット

図Ⅱ-16　足場作業に使用する器具と安全のポイント

第3章 | 強風等悪天候時における措置

1 悪天候時の作業の禁止

　強風、大雨、大雪等の悪天候時の足場上での作業は非常に危険であり、安衛則第522条により、悪天候が予想される時の高さ2m以上の場所での作業は禁止されている。具体的な悪天候とは以下①〜③のように定められている。

① 　強風：10分間平均風速が10m／秒以上の風

② 　大雨：1回の降雨量が50mm以上の降雨

③ 　大雪：1回の降雪量が25cm以上の降雪

　より正確な気象情報の収集のため、作業場には次のような気象情報の収集の手段が備えられていることを確認しておくことが必要である。

・現地に設置された風向風速計（図Ⅱ-17）

・移動式クレーンに設置された風速計

・現地に設置された吹き流し（ウィンドソック）（図Ⅱ-18）

・エリア限定の気象情報（気象情報サービス会社）

・通常の気象情報

●悪天候が予想される前の措置

強風等の状況に注意し、以下のような必要な措置を迅速に講ずる。

・必要に応じ壁つなぎを補強する。

・作業床等の飛ばされやすいものは、固縛するか、地上に下ろす。

・工事用シート等が強風を受けることが予想される場合は取り外すか巻き取って固縛する。

・屋外クレーンは係留位置に固定し、ジブクレーンなど旋回機能を有するものはジブの安定が保持される傾斜角にセットし、ジブをフリーにして風に立つようにする。移動式クレーンはブームを格納するか、最下位置に降ろす。

周囲の状況	吹き流し	風速（秒）
砂ボコリが立つ作業は注意が必要	傾斜角60度	5〜8m
木が揺れ始める	傾斜角75度	9〜10m
電線が鳴る クレーン、足場作業中止	傾斜角80度	11m以上

図Ⅱ-17　風向風速計の例

図Ⅱ-18　吹き流しの角度でみる風速の目安

10分間平均風速10m/秒以上
大雨50mm/回以上
大雪25cm/回以上

作業禁止！

2 悪天候後の足場についての措置

　上記の強風、大雨、大雪等の悪天候もしくは中震（震度4）以上の地震の後においては、足場における作業を開始する前に、注文者（足場を設置）と足場を使用する各事業者が点検者を指名して足場の各部について点検し、危険のおそれがあるときは、速やかに修理しなければならない（69頁「足場点検に関する早見表」参照）。

　また、これらの点検の結果および修理等の措置を講じた場合はその措置の内容を記録し、当該足場を使用する作業が終了するまで保存しなければならない。

第Ⅲ編

労働災害の防止
に関する知識

第Ⅲ編のポイント

☑ 足場の組立て等の作業時の墜落災害の防止のため、先行手すりや墜落制止用器具を正しく設置・使用する。また、作業の必要上、臨時に筋かいや手すりを取り外したときは、その必要がなくなった後、直ちに元に戻すこと。

☑ 墜落制止用器具のフックは、なるべくランヤード取付部（Ｄ環）より高い位置に掛ける。墜落時にフックが破損しないよう正しく使用し、横掛け等はしないこと。

☑ 墜落制止用器具のほか、保護帽や安全靴などの個人で使用する保護具等は、毎日点検をし、劣化や損傷のあるものは使用しないこと。

☑ 壁つなぎや控えのない足場は倒壊の危険がある。脚立足場などの低い足場や移動式足場（ローリングタワー）も不適切な使用はしないこと。

☑ 墜落や倒壊、物の落下のほか、感電災害や熱中症にも気をつけること。

第1章 | 墜落防止の設備、飛来・落下防止の措置

　足場の組立て等に関する労働災害の防止には、大きく分けて、①足場の組立て等の作業時の安全を確保することと、②足場使用時に危険が生じないよう、足場を正しく組立て等すること、の2つがある。このため、足場のあるべき姿など関連の知識も身につけておくことが大事である。

(1) 足場の組立て等の作業に係る墜落防止措置

　つり足場、張出し足場または高さ2m以上の構造の足場の組立て、解体または変更（以下、組立て等）の作業を行うときは、次の措置を講じなければならない。

① 組立て等の時期、範囲、順序を当該作業に従事する関係者に周知する。

② 組立て等の作業を行う区域内には、関係者以外の立入りを禁止する。

③ 強風、大雨、大雪等の悪天候のため、作業の実施について危険が予想されるときは、作業を中止する。

④ 足場材の緊結、取外し、受渡し等の作業にあっては、墜落による危険を防止するため、次の措置を講じる。

　ア　幅40cm以上の作業床を設ける（図Ⅲ-1参照）。ただし、狭い場所等で当該作業床を設けることが困難なときは、この限りでない。

　イ　墜落制止用器具を安全に取り付けるための設備等を設け、かつ、墜落制止用器具（原則としてフルハーネス型）を使用すること。ただし、安全ネットを張る等、当該措置と同等以上の効果を有する措置を講じたときはこの限りでない。墜落制止用器具の取付け設備には、墜落制止用器具を取り付けることができる要件を備えた手すり、手すり先行工法で使用する手すりわく等および親綱がある（図Ⅲ-2参照）。

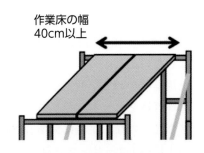

作業床の幅
40cm以上

図Ⅲ-1　足場の作業床の幅

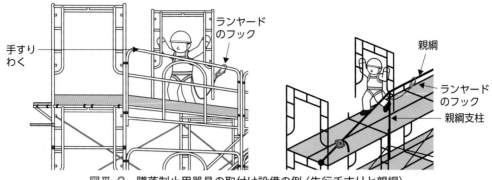
図Ⅲ-2　墜落制止用器具の取付け設備の例（先行手すりと親綱）

（2）親綱支柱および親綱

　高所作業において、墜落による危険を防止するために使用されるものとして墜落制止用器具があり、その取付けに用いるものとして水平親綱等の設備がある。

　足場の組立て等の作業に用いる水平親綱支柱システムの例を図Ⅲ-3 に示す。使用上の注意点は、以下のとおりである。

① 水平親綱は、できるだけ墜落制止用器具のランヤード取付部（D環）の高さより高い位置に張り、それにフックをかけて使用する。

② 支柱のスパンは、10m 以下とする。

③ 使用するのは１スパンに１人のみとする（図Ⅲ-4 下）。

④ 墜落した場合に、振り子状態となって、物体に激突しないように使用する（図Ⅲ-4 上）。

⑤ 落下阻止時に下方の障害物に接触しないように使用する。

⑥ 水平親綱システムを設置直後または張替え直後に次の項目について点検を行い、異常を認めた場合は、直ちに修正、補修または取替えを行う。また、使用中に衝撃を受けた場合は、直ちに取り替える。

　ア　親綱支柱の足場への取付け部

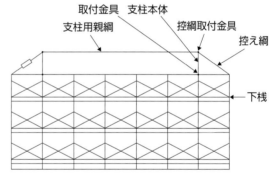
図Ⅲ-3　水平親綱支柱システム

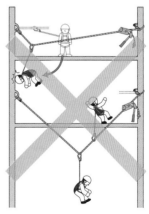
図Ⅲ-4　墜落制止用器具取付け設備の危険な例

　イ　親綱の張り具合

　ウ　親綱、控え綱の取付け部および保持部

（3）わく組足場の場合の、側面からの墜落防止措置

　足場の側面からの墜落防止措置として、安衛則では、わく組足場とそれ以外の足場に分けて規定されている。

　わく組足場の場合には、次のいずれかの措置を行う必要がある（図Ⅲ-5 参照）。

①　交さ筋かいのほか、床面から高さ 15cm 以上 40cm 以下の位置に桟（下桟）を設置する。

②　交さ筋かいのほか、高さ 15cm 以上の幅木を設置する。

③　交さ筋かいのほか、幅木と同等以上の機能を有する設備を設置する（例：高さ 15cm 以上の防音パネル（パネル状）、ネットフレーム（金網状）、金網など）。

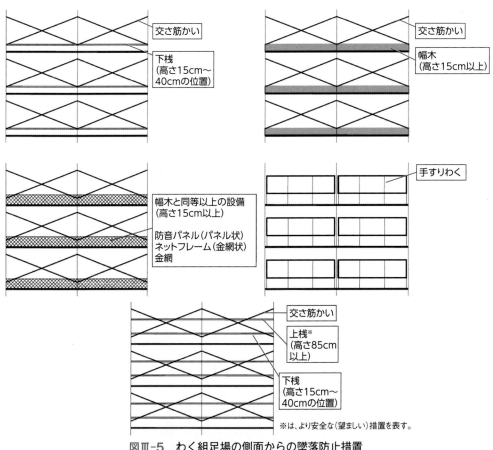

図Ⅲ-5　わく組足場の側面からの墜落防止措置
（上の図に加え、物体の落下防止措置も必要。）

④　手すり先行工法で使用される手すりわくを設置する。

また、これらの措置に加え、高さ 85cm 以上の上桟を設置することが望ましいとされている（図Ⅲ-5 下図）。

なお、わく組足場の妻面に関しては交さ筋かいがないため、次に述べるわく組足場以外の足場と同様の措置を行う必要がある。

(4)　わく組足場以外の足場の場合の、側面からの墜落防止措置

わく組足場以外の足場の場合には、次のいずれかの措置を行う必要がある（図Ⅲ-6 参照）。

①　作業床からの高さが 85cm 以上の手すり＋高さ 35cm 以上 50cm 以下の位置に桟（中桟）を設置する。これらの措置に加え、高さ 15cm 以上の幅木を設置することが望ましい。

②　作業床からの高さが 85cm 以上の手すり＋高さ 35cm 以上の中桟と同等の設備を設置する（中桟と同等の設備の例：高さ 35cm 以上の幅木、防音パネル（パネル状）、ネットフレーム（金網状）、金網など）。

③　作業床からの高さが 85cm 以上の手すりと同等の設備を設置する（手すりと同等の設備の例：高さ 85cm 以上の防音パネル（パネル状）、ネットフレーム（金網状）、金網など）。

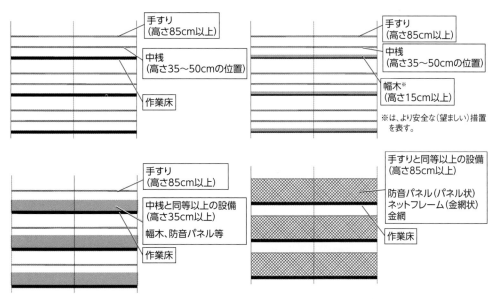

図Ⅲ-6　わく組足場以外の足場の側面からの墜落防止措置
（上の図に加え、物体の落下防止措置も必要。）

(5) 足場の側面に設けられた墜落防止設備の取外し等

足場の側面には、**(3)** または **(4)** で示したように手すりや交さ筋かい等の墜落防止設備（以下、手すり等）を設けなければならないが、作業の性質上手すり等を設けることが著しく困難な場合または作業の必要上臨時に手すり等を取り外す場合において、次の措置を講じたときには手すり等を設けない、または取り外すことができる。

①　墜落制止用器具を安全に取り付けるための設備等を設け、かつ、墜落制止用器具を使用すること。またはこれと同等以上の効果を有する措置を講ずること（防網を張る等）。

②　①の措置を講ずる箇所には、関係者以外を立ち入らせないこと。

なお、作業の必要上臨時に手すり等を取り外したときは、その必要がなくなった後、直ちに取り外した設備を原状に戻さなければならない。

(6) 足場の作業床に係る墜落防止措置

足場において、高さ 2 m 以上の作業場所に設けられる作業床の要件は次のとおりである（図Ⅲ-7 参照）。

①　作業床の幅は 40cm 以上とする。

②　床材間の隙間は 3 cm 以下とする（つり足場については、隙間がないようにする）。

③　床材と建地との隙間は 12cm 未満とする。

なお、③については、次のいずれかの場合であって、床材と建地との隙間が 12cm 以上の箇所に防網を張る等、墜落による危険を防止するための措置を講じたときは、12cm 以上であってもよい。

ア　はり間方向における建地と床材の両端との隙間の和が 24cm 未満の場合

イ　はり間方向における建地と床材の両端との隙間の和を 24cm 未満とすることが作業の性質上困難な場合

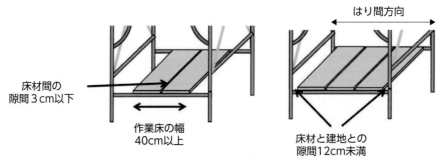

図Ⅲ-7　足場の作業床の要件

(7) 安全ネット（防網）

　防網の設置は、作業者の墜落または物体の落下による危険防止のため、安衛則で規定されている措置のひとつである（安衛則第518条、519条、537条）。同じようなネットであっても、墜落防止か飛来・落下防止か、また、水平に張るものか、垂直に張るものか等により、強度や網目の大きさなどにさまざまなものがあり、用途に応じたものを適切に選択し、使用しなければならない。

　安全ネットは、開口部、足場の作業床と建物との隙間等、墜落のおそれがある箇所に水平に張り、主として作業者の墜落を防止するネットである。一方で、メッシュシートや建築工事用垂直ネット等は、足場に垂直に張り、主として物体の飛来・落下を防止するものである。また、安全ネットのうち網目の大きなものについては、ボルト等の落下を防止するものではないので、その上下で作業しないこと。

　安全ネットの素材としては、合成繊維（ナイロン、ポリエステル、ポリプロピレン等）が用いられている。使用上の注意点は、以下のとおりである。

① 　安全ネットの支持点は堅固な場所とする。

② 　安全ネットの支持点の間隔は３ｍ以内とし、安全ネット周辺と作業場所との隙間から墜落することのないように、その隙間ができるだけ小さくなるよう支持点間隔を定める。

③ 　安全ネットを複数枚つなげて使用するときは、ネット相互の平行する縁綱を30cm以下の間隔で、合成繊維ロープまたは専用の金具等を用いて緊結する。番線ではつながない。

④ 　安全ネットは、必ず、個々のつり金具を用いて取り付ける。

⑤ 　安全ネットが溶接作業等の火花等により損傷のおそれのある場合は、火花等が安全ネットに飛散しない措置をとる。

(8) 幅木

　幅木は、足場からの墜落災害および飛来落下物災害の防止のために使用される。安衛則第563条では、高さ15cm以上のものを足場の作業床からの墜落防止措置用とし、10cm以上のものを物体の落下防止措置用として設置することが規定されている。使用上の注意点は、以下のとおりである。

① 　幅木の各部に著しい損傷、変形または腐食のないものとする。

② 　幅木には材料等を立てかけたり、仮置き等をしない。

③ 　幅木に乗らない。

第Ⅲ編　労働災害の防止に関する知識

(9) メッシュシート

　メッシュシートは、足場等の仮設構造物の外側面に設け、作業床側からボルト等の物体が足場等の側面を越えて落下することを防止するために用いられる。

　飛来・落下物による災害を防止するためには有効なものであるが、強風時には足場に作用する風荷重が大きくなり、足場の倒壊の原因ともなりかねない。そのため、必要な間隔で足場を壁つなぎ等で補強する等の措置をとることや、台風等の接近が予想されるときには事前にメッシュシートを外す等の措置をとる必要がある。使用上の注意点は、以下のとおりである。

① 　必要な性能等が確認されたものであること。

② 　メッシュシートを鋼管足場または鉄骨の外周等に取り付ける場合、取り付けるための水平支持材は、原則として垂直方向 5.5m 以下ごとに設ける。

③ 　鉄骨外周等に用いる場合には、垂直支持材の水平方向の取付間隔は、 4 m 以下とする。

④ 　支持材への取付けまたはメッシュシート相互の取付けは、メッシュシートの縁部で行い、緊結材を使用して、すべてのはとめについて行う。

⑤ 　緊結材（ロープ）は、メーカー指定のものを使用する。

⑥ 　出隅部、入隅部等の箇所は、その寸法に合ったメッシュシートを用いて隙間のないように取り付ける。

(10) 　防護棚（朝顔）

　防護棚（朝顔）は、足場の外側の道路や歩道への物の飛来・落下災害を防ぐために設置されるものである。取付け上の注意事項は、第Ⅰ編第3章の 13（67 頁）のとおりである。

保護具の使用方法および保守点検の方法

1 フルハーネス型墜落制止用器具等

(1) 墜落制止用器具を使用しなければならない作業

　高さ2m以上において、足場の組立て・解体中や、手すりを一時的に取り外した場合、開口部の近くで作業を行う場合等、墜落のおそれがある箇所で作業を行う場合は、墜落による危険のおそれに応じた性能を有する墜落制止用器具を使用しなければならない。

(2) 墜落制止用器具の種類と構造の概要

　墜落制止用器具には、フルハーネス型と胴ベルト型がある。図Ⅲ-8に主な構成部材を、図Ⅲ-9にランヤードの種類を、図Ⅲ-10に墜落制止用器具の種類と形状の一例および使用例を示す。

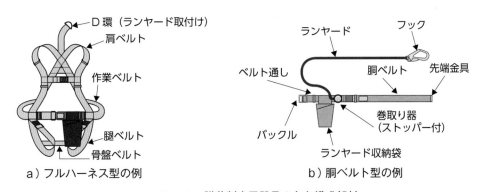

a）フルハーネス型の例　　　　b）胴ベルト型の例

図Ⅲ-8　墜落制止用器具の主な構成部材

a）ロープ式ランヤードの例　　　　b）巻取り式ランヤードの例

図Ⅲ-9　ランヤードの種類

種類	形状の一例	使用例
墜落制止用器具（フルハーネス型）	**一般高所作業用 フルハーネス型** 着用例（正面・背面）	高所からの墜落を防止する墜落制止用器具で、身体の複数箇所で墜落制止時の衝撃荷重を分散する。
墜落制止用器具（胴ベルト型）	**1本つり専用、ロープ式** **1本つり専用、巻取り式（ストッパー付）** 巻取り器 ※ストッパー付をお勧めします	胴ベルト型（1本つり）墜落制止用器具は高さ6.75 m以下の安定した足場があって身体を保持しなくても良い作業で使用。 ロープ式 巻取り式
（参 考）	**ワークポジショニング用器具とフルハーネス型の併用** **（ワークポジショニング用器具：柱上作業用）**	柱上作業では、ワークポジショニング用器具とフルハーネス型を併用する。

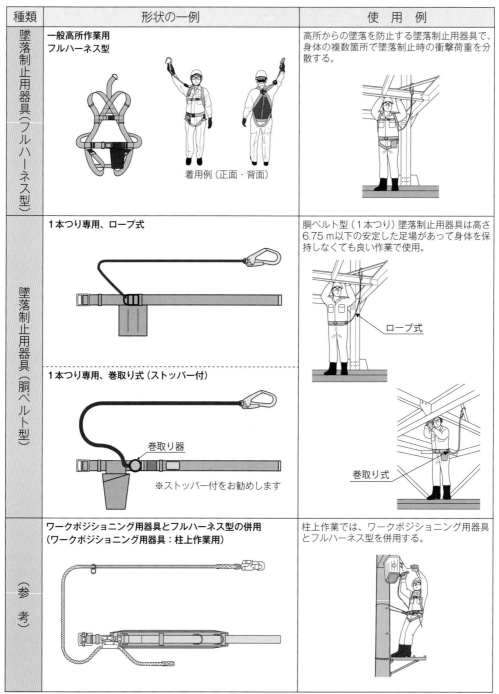

出典：中野洋一著『なくそう！墜落・転落・転倒』（第8版）、中災防（一部改変）

図Ⅲ-10　墜落制止用器具の種類と形状

　墜落制止用器具を正しく装着し使用していれば、万が一墜落してしまったときでも、地面に叩きつけられることはない。しかし、従来広く利用されてきた胴ベルト型は、墜落時に内臓の損傷や胸部等の圧迫による危険性が指摘されている。これに対し、フルハーネス型は身体の複数の部位にベルトを装着するため、墜落を制止した際の衝撃を複数のベルトで分散し、身体の頑丈な部位に導くことにより、また、宙づり状態になっているときにも荷重の分散により、身体に与えるダメージがより少ない構造と言える。

　平成 31 年 2 月より、労働安全衛生法施行令、安衛則および関係告示の改正により、高所作業で使用する墜落制止用器具はフルハーネス型を原則とすることとなった。また、6.75m を超える高さの箇所で使用する墜落制止用器具は、フルハーネス型のものでなければならない（平成 31 年 1 月 25 日厚生労働省告示第 11 号）。

　以下では、フルハーネス型と胴ベルト型をあわせて「フルハーネス型等」と表記する。

(3)　フルハーネス型等の取付設備とその使用

① 　フルハーネス型等の取付設備

　フルハーネス型等を取り付ける設備は、ランヤードが外れたり、抜けたりするおそれのないもので、墜落阻止時の衝撃力に対し十分耐え得る堅固なものであること。

　また、取付設備に鋭い角のある場合には、ランヤードのロープやストラップが直接鋭い角に当たらないような措置を講ずること。

　足場の組立て等において、取付設備としては、次のようなものがある。

・親綱（89 頁の図Ⅲ-2）

・先行手すり（わく組足場の手すりわく、くさび堅結式足場の手すり先行部材等で、フルハーネス型等を取り付けることができる性能を有するもの）（89 頁の図Ⅲ-2）

・足場の建わくや手すり等

② 　フックの掛け方

　フックの掛け方は、図Ⅲ-11 を参考にすること。墜落時にフックが破損しないよう正しく使用し、横掛け等はしないこと。

第Ⅲ編　労働災害の防止に関する知識

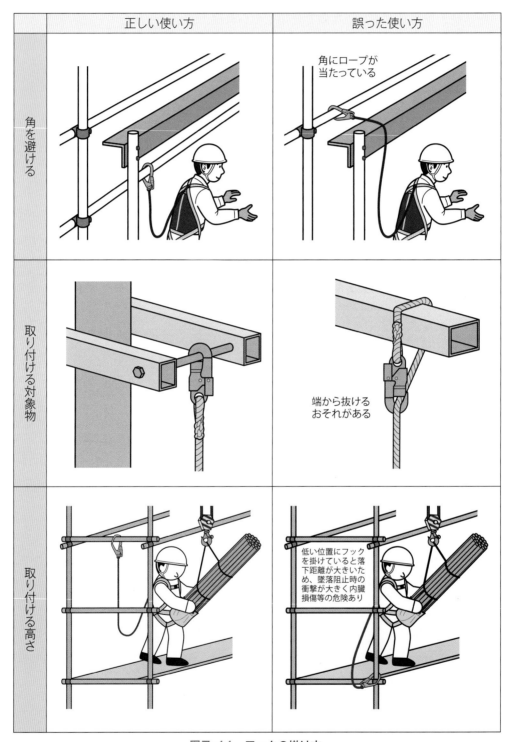

	正しい使い方	誤った使い方
角を避ける		角にロープが当たっている
取り付ける対象物		端から抜けるおそれがある
取り付ける高さ		低い位置にフックを掛けていると落下距離が大きいため、墜落阻止時の衝撃が大きく内臓損傷等の危険あり

図Ⅲ-11　フックの掛け方

第Ⅲ編　労働災害の防止に関する知識

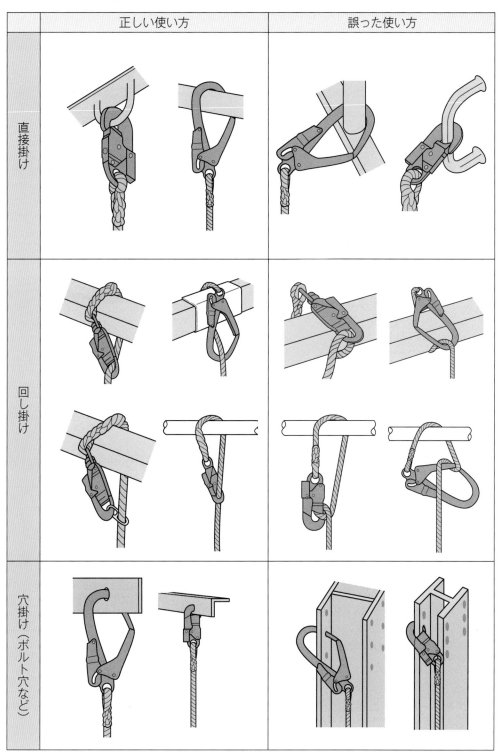

図Ⅲ-11　フックの掛け方（続き）

③ フルハーネス型等の正しい使い方

1) 作業高さにより、墜落による危険のおそれに応じた性能を有する墜落制止用器具（これを「要求性能墜落制止用器具」という。）を使用すること。フルハーネス型を原則とする。作業現場においてワークポジショニング作業（U字つり作業）がある場合は、「ワークポジショニング用器具」を併用する（図Ⅲ-10 参照）。

2) 足場の組立て等の作業では、移動時のフックの掛け替え時に安全が確保しにくいことが多いため、「常時接続型（2丁掛け式）」での使用が推奨される（図Ⅲ-12、図Ⅲ-13）。

上のように1つのショックアブソーバに2本のランヤードが連結されたものを選択すべきである。例えば、2本のランヤードそれぞれに第一種ショックアブソーバ（衝撃荷重 4.0kN 以下）が連結していた場合、2つのフックを同時に掛けた状態で墜落すると、4.0kN の2倍である 8.0kN に近い衝撃荷重が身体に作用する可能性がある。（なお、1kN =約 100kgf）

図Ⅲ-12　常時接続型（2丁掛け式）　　図Ⅲ-13　常時接続型（2丁掛け式）ランヤードの例

3) 強度の保証のないカラビナは使わない（墜落制止用の「専用カラビナ」は、日用品や工具差しのカラビナなどとは強度や造りが全く異なる）。

4) フルハーネス型は、ショックアブソーバの種別により使用条件が異なるが、足場の組立て等作業では、通常、親綱や先行手すりなどにより、手すり等の高さの位置にフックを掛けることができる。フックは手すり等より高い位置（なるべく背中のD環より高い位置。頭より高い位置が望ましい。）に掛けること。

5) 金属性の鋭いエッジのある場所（アングル・プレート等）にフックを掛ける場合は、ランヤードのロープやストラップの切断を防止するためゴムシート等で養生する。

6) フルハーネス型等を安全に使用するには、正しく装着することが大切である。フルハーネス型は複数のベルトやバックルがあるため、装着に慣れておくことも必要である。各人の体格にフィットするよう各部のベルトを調節し、ベルトにねじれ等がないように整え、バックルを確実に留めて装着する。緩みなく確実に装着しないと、墜落制止時にベルトがずり上がり特定のベルトに荷重がかかり過ぎ

るため、安全な姿勢が保てなくなるおそれがある。

7)　フルハーネス型等は、着用者の体重および装備品の重さの合計に耐えるもので
なければならない。足場作業者は、腰ベルトに多くの工具等を下げているので、
それらも含めて重さの合計を確実にして、正しい墜落制止用器具を選択するこ
と。

④　フルハーネス型等の保守点検

　点検は、次のような事項について作成した点検基準によって、日常点検のほかに一
定期間ごとに定期点検を行う。定期点検の間隔は半年を超えないこと。詳細は、巻末
の参考資料「墜落制止用器具の安全な使用に関するガイドライン」の「第6　点検・保
守・保管」を参照すること。

　各部品の損傷の程度による使用限界については、部品の材質、寸法、構造および使
用条件を考慮して設定することが必要である（図Ⅲ-14）。

1)　ベルトの摩耗、擦切れ、切り傷、焼損、溶融

2)　縫糸の切断

3)　金具類の摩滅、傷、変形

4)　ロープ／ストラップの切り傷、摩耗、キンク、形崩れ、損傷、溶融

　フルハーネス型等は、次のような状態になった場合には、使用を中止し廃棄すること。

1)　一度でも衝撃がかかったもの。

2)　点検の結果、異常があったもの。摩耗・傷等の劣化が激しいもの。

3)　交換時期の目安として、ランヤードのロープ等は紫外線により劣化している場
合があるため、使用開始から2年、その他の部品については3年を経過したもの
は新品に交換する。

　フルハーネス型等は、次のような場所に保管すること。

1)　直射日光に当たらない所

2)　風通しがよく、湿気のない所

3)　火気、放熱体等が近くにない所

4)　腐食性物質が近くにない所

5)　ほこりが散りにくい所

6)　ねずみの入らない所

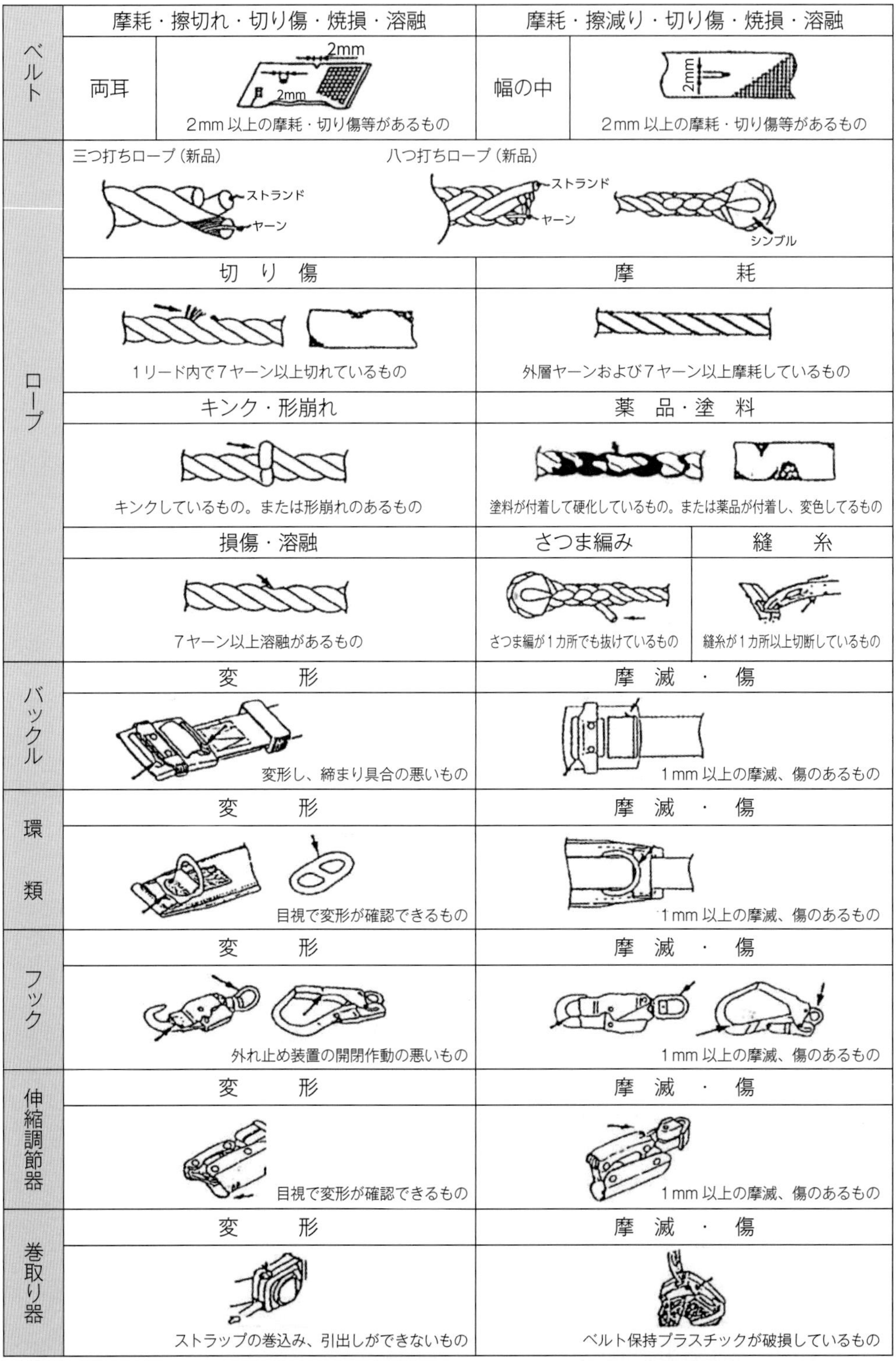

ベルト	摩耗・擦切れ・切り傷・焼損・溶融		摩耗・擦減り・切り傷・焼損・溶融	
	両耳	2mm以上の摩耗・切り傷等があるもの	幅の中	2mm以上の摩耗・切り傷等があるもの

三つ打ちロープ（新品）　ストランド　ヤーン　　八つ打ちロープ（新品）　ストランド　ヤーン　シンブル

ロープ	切り傷	摩耗
	1リード内で7ヤーン以上切れているもの	外層ヤーンおよび7ヤーン以上摩耗しているもの
	キンク・形崩れ	薬品・塗料
	キンクしているもの。または形崩れのあるもの	塗料が付着して硬化しているもの。または薬品が付着し、変色してるもの

	損傷・溶融	さつま編み	縫糸
	7ヤーン以上溶融があるもの	さつま編が1カ所でも抜けているもの	縫糸が1カ所以上切断しているもの

バックル	変形	摩滅・傷
	変形し、締まり具合の悪いもの	1mm以上の摩滅、傷のあるもの

環類	変形	摩滅・傷
	目視で変形が確認できるもの	1mm以上の摩滅、傷のあるもの

フック	変形	摩滅・傷
	外れ止め装置の開閉作動の悪いもの	1mm以上の摩滅、傷のあるもの

伸縮調節器	変形	摩滅・傷
	目視で変形が確認できるもの	1mm以上の摩滅、傷のあるもの

巻取り器	変形	摩滅・傷
	ストラップの巻込み、引出しができないもの	ベルト保持プラスチックが破損しているもの

出典：（公社）日本保安用品協会編著『保護具ハンドブック』（第3版）（中災防発行）を一部変更

図Ⅲ-14　墜落制止用器具の廃棄基準（例）

2　保護帽

　保護帽には、飛来物や落下物による危険から頭部を保護するための「飛来・落下物用」と、墜落などによる頭部の損傷を軽減するための「墜落時保護用」などがある。また、これら両機能を備えた保護帽もある。足場作業においては、両機能を備えた保護帽の着用が望ましく、少なくとも墜落時保護用保護帽を着用する必要がある。なお、感電防止用の電気用（絶縁用）保護帽もある（第3章）。

① 　保護帽は、厚生労働大臣が定める規格に適合し、型式検定合格ラベルのついたものを使用する。

② 　保護帽の各部を点検し、劣化や損傷のあるものは使用しないこと。なお、保護帽の材質と特性、および交換時期の目安を表Ⅲ-1 に示す。

③ 　保護帽は、頭部背面にあるヘッドバンドで長さを調節するとともに、あごひもをしっかりと締め、作業中にぐらつきがないようにする（図Ⅲ-15）。

表Ⅲ-1　保護帽の材質と特性

材　質	耐熱性	耐候性	耐電性	耐有機溶剤性	交換時期（目安）
FRP 樹脂製	◎	◎	×	○	使用開始から5年以内（注）
ABS 樹脂製	△	△	◎	×	使用開始から3年以内（注）
PC 樹脂製	○	○	◎	×	
PE 樹脂製	△	○	◎	◎	

◎＝特に優れている　　○＝優れている　　△＝やや劣る　　×＝劣る
（注）ハンモック、ヘッドバンド、あごひもなどの内装については1年以内の交換を推奨。

① 　外れないように深くかぶる

② 　頭の大きさに合わせてヘッドバンドを調節する

③ 　緩みがないようにあごひもをしっかり締める

図Ⅲ-15　保護帽の正しい着用方法

3 安全靴・作業靴

安全靴・作業靴は、その用途に応じさまざまな機能を備えたものがある。以下に、安全靴・作業靴が有する主な機能を示す。作業の内容に合わせて適切なものを選択して使用する。JIS T 8101（安全靴）適合品を使用することが望ましい。

① つま先部の耐衝撃性・耐圧迫性

安全靴のつま先部に、物体が落下したときの衝撃力や圧迫力が加えられた場合に、着用者のつま先を防護するために必要な性能

② 耐滑性

靴の接地面の滑りを防止するために必要な性能

③ かかと部の衝撃エネルギー吸収性

かかとにかかる衝撃による傷害を防ぐために必要な性能

④ 屈曲性

屈み作業などによる足の疲労を防止するために必要な性能

⑤ 耐踏抜き性

くぎなどの踏抜きによる傷害から足を防護するために、表底に必要な性能

第3章 感電災害の防止

　足場の組立てや解体作業では、手に持っている鋼管が、近接している高圧電線等に接触して感電するリスクがあり、実際に災害も発生している（図Ⅲ-16）。また、組立て等の作業とは直接関係がなくても、周囲に電動工具類や投光器等が配線されていることが少なくなく、組立て等の作業によってこれらの配線に損傷をあたえて、充電部が露出し感電するといったリスクもある。

　感電は、人体に流れる、電流の大きさ（大きいほど危険）、人体を通過する時間（長いほど危険）、通電経路（経路に心臓があると危険）によって、しびれる程度の影響から心室細動を起こして死に至る可能性までである。感電災害は、発汗や雨で皮膚が濡れると生じやすくなる。

図Ⅲ-16　足場組立て等の際の感電リスク（例）

(1) 職場で行われている主な対策

職場で行われている主な感電の防止対策は次のとおりである。

① 充電電路の所有者との事前の打合せと周辺の状況等を調査したうえで、図面を含めた作業計画書の作成とそれに従った作業の実施

② 電気用ゴム手袋、電気用長靴、頭上の活線に接触しての感電を防ぐための電気用（絶縁用）保護帽等、絶縁用保護具の使用

③ 充電部を露出させないこと

・絶縁用防護具の装着（低圧、高圧の架空電線や電気機器の充電電路の近くで作業を行う場合に、作業者が充電電路に接触するおそれに備え、その充電電路に装着される、防護管や防護シート等の絶縁性の防護具）

・絶縁用防具の装着（電気工事の活線近接作業で用いる、周囲の配線、充電電路に装着する絶縁シート等）

④ 水気や湿気がある場所、移動式の電動工具、屋外のコンセント等への漏電遮断器の取付け

⑤ 接地工事（アースを行うことにより、漏電した場合でも、漏れた電流の大半はアース線を通じ地中に流れるため、人体への影響を緩和することができる。）

(2) 作業者が注意する事項

① 墜落のおそれのあるところでは必ずフルハーネス型等を着用・使用すること。なお、高圧電線付近での作業等、感電災害のリスクが高い場合は、作業主任者、作業指揮者等の指示に基づき、電気用ゴム手袋、電気用長靴、電気用（絶縁用）保護帽等絶縁用保護具を使用して作業すること。

② 自分の判断だけで、高圧電線等への絶縁用防護具の装着は行わないこと。

③ 充電部の露出等、感電のリスクが生じた場合は、近寄らず、作業主任者等に報告すること。

④ 電動工具等の配線がある場合は、ケーブルガード等で養生し、かつ、足場機材で配線等を損傷させないように注意すること。

⑤ 発汗の多い夏場や濡れやすい雨の日の作業では、感電防止に特段の注意を払うこと。

第4章 | その他の災害の防止

1 足場の倒壊、転倒の防止

　足場の中でも移動式足場（ローリングタワーとも呼ばれている）や脚立足場・うま足場等は、壁つなぎや控えにより建物と連携されていないことが多いため、使用方法を誤ると不安定になり倒壊、転倒やそれに伴う墜落のおそれがある。これらの使用時には以下の点に注意する必要がある。

（1）移動式足場

① 移動式足場を移動させるときは、路面の凹凸、障害物等による転倒を防止するため、あらかじめ、路面の状態を確認すること。

② 移動式足場の移動は、すべての脚輪のブレーキを解除した後に行うこと。

③ 作業床に作業者を乗せたまま移動しないこと（図Ⅲ-17）。

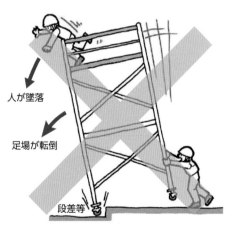

人が墜落

足場が転倒

段差等

作業床に人が乗っていると
足場の重心が高く倒れやすい

図Ⅲ-17　移動式足場の災害事例

④　脚輪のブレーキは、移動中を除き、常に作動させておくこと。

⑤　作業床上で脚立・はしご、踏み台等を使用しないこと。

⑥　作業床上に最大積載荷重を超えて物を載せないこと。

⑦　移動式足場に材料等を載せる場合は、転倒を防ぐため、重心が偏らないように配慮すること。

⑧　手に物を持って、はしごを昇降しないこと。

⑨　手すりを外したまま作業しないこと。

(2) 脚立足場・うま足場

①　足場板を結束しないなど不適切な組み方をしないこと（図Ⅲ-18、第5章災害事例1参照）。

②　身を乗り出したり、反動のかかる作業をしないこと。

③　重量物を取り扱う作業をしないこと。

④　うまを脚立の代わりに単独使用しないこと。

⑤　足場板端部で作業しないこと。

a) 足場がたわみやすくなる

b) 足場板端部でシーソーになって墜落しやすい

図Ⅲ-18　脚立足場、うま足場における足場板の未結束

2 熱中症の予防

　夏の高温多湿の炎天下に屋外で長時間の重筋作業を行っているとき等には、人の身体は、汗を出して皮膚表面で蒸発させ、熱を放出させることで身体を冷やそうとする。しかし、冷却が追いつかないとか、過度の汗で失われた水分や塩分を補給しないと、体温調節や循環機能に障害が生じ、熱中症を発症する場合がある。

　熱中症になると、めまい、吐き気、嘔吐、頭痛、ふらつき、倦怠感、虚脱感、大量の発汗、発汗の停止、意識低下、けいれん、筋肉の硬直、失神等の症状が現れる。重度の場合は多臓器不全により死に至るときもある。

　そこで、暑さ対策として「暑熱順化」という方法がある。暑熱順化とは、７日以上かけて熱へのばく露時間を徐々に長くして、からだを暑さに慣らすことをいい、暑熱順化の有無が熱中症のリスクに大きく影響するとされる。なお、夏季休暇等のため熱へのばく露が４日以上中断すると、からだが元に戻ってしまうので注意が必要である。

　また、暑熱環境下で、作業強度を下げたり通気性の良い衣服を採用したりすることが困難な作業においては、作業開始前や休憩時間中にあらかじめ深部体温を下げる事前冷却（プレクーリング）を行うという方法もある。

(1) 職場で行われている主な対策

① 　ＷＢＧＴ値（暑さ指数）を測定し、その値に応じた、連続作業時間の短縮、休憩時間の延長、作業場所の変更等の対策の実施

② 　透湿性・通気性の良い作業服の採用

③ 　朝礼、巡視時等での健康状態の確認

④ 　高温多湿の作業場所では、直射日光・照り返しをさえぎることができる、通風・冷房設備を有する休憩場所の設置（図Ⅲ-19）

⑤ 　氷、冷たいおしぼり、洗面設備、シャワー等、身体を適度に冷やすことのできる物、設備の用意

⑥ 　水分・塩分の補給を容易に行えるよう、スポーツドリンク等の用意

(2) 作業者が注意する事項

① 　作業中に身体の異常を感じたとき、他の作業者の異常を目撃したときは、すぐに

　　周囲の上司、管理者、同僚等に通報すること。

② 　水分、塩分補給のためのスポーツドリンクを、作業を始める前からこまめに補給すること。

③ 　休憩時は、身体を涼ませ、休めることに時間を使うこと。

④ 　汗が乾きやすく、通気性のよい素材の服装を着用すること。

⑤ 　睡眠不足、疲労蓄積、二日酔い、食欲不振を防ぐ日常生活に心がけること。

⑥ 　特に暑さに慣れないうちは無理を控え、慎重に行動すること。

(3) 熱中症が疑われる症状が現れた場合の措置

　熱中症が疑われる症状が現れた場合には、以下の救急措置がとられ、必要に応じ救急車が要請され、医師の診察を受けることが必要となるので、すぐに周囲の上司、管理者、同僚等に申し出ること。

① 　涼しい日陰か冷房が効いている部屋などへ移す。

② 　衣服を脱がせ、氷などで首、脇の下、足の付け根などを冷やす。

③ 　自力で可能であれば水分・塩分を摂取させる。

図Ⅲ-19　熱中症の予防

第5章 | 災害事例

災害事例 1

脚立足場を使用して天井の塗装作業中、過荷重のため足場板が折れ、墜落

業種・被害状況

鉄骨・鉄筋コンクリート造家屋建築工事業、
休業者4名

災害発生状況

本事例は足場の組立て方法を誤ったために発生した災害である。

この災害は、脚立足場を利用した天井の塗装工事中に発生した。

災害当日は、雨天のため、前日実施していた屋外での塗装作業を中止し、当初予定していなかった屋内天井面の塗装作業を行うことにした。

まず、足場を新たに設置した。脚立に足場板を2枚並行して渡し、その2枚の上にそれに直交する形で3枚の足場板を乗せて井桁に組んだもので

あった。この3枚の足場板に作業者4名が乗って塗装を行っていたが、作業者4名全員が同時に一方の脚立側の足場板に乗ったとき、過荷重で下に渡した足場板が折れ、足場から墜落した。

原因と対策

①　足場板上にさらに足場板を渡す不適切な組み方をしたこと。荷重が集中する構造となっており、強度不足であった。脚立足場を利用する場合には、最大積載荷重を検討して定め、これを超えて使用しないこと。また、足場板は端部を固定すること。

②　被災者らは墜落制止用器具を着用していたが、フックをかける設備がなく、使用していなかった。墜落防止のための設備を設置し、保護帽や墜落制止用器具の確実な使用を徹底させること。

③　責任者に連絡をとらず、勝手に作業変更をした。元請会社は、下請会社に対して、現場責任者の適切な指導・管理のもとで作業を行わせること。作業変更については、責任者の指示を受けさせること。作業手順を検討し、事前チェックを経て決定し、これに従った作業を行わせること。

④　安全衛生教育を実施しておらず、危険を予知する感覚が欠如していた。作業者には、安全教育を十分に行うこと。なお、足場の組立て等を行う作業者には、特別教育を実施しておくこと。

災害事例2

工場内の排気設備を撤去する工事に用いた足場の解体作業中、足場が倒壊し、墜落

業種・被害状況

機械（精密機械を除く）器具製造業、
休業者3名

災害発生状況

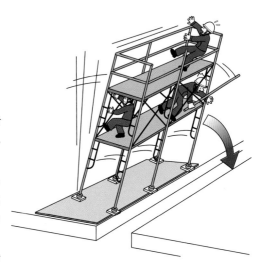

　工場内レイアウト変更のために、排気設備撤去工事に使用した足場を解体する作業中に発生した。

　足場は、工務店から部材を借りて組み立てたもので、脚部にジャッキ型ベース金具を、上段および下段に床付き布わくを、開口面に交さ筋かいをそれぞれ取り付け、さらに、上段には、各建わくに手すり柱を差し込み、手すりと中桟を取り付けて、2段2列に組み上げた。

　組み立てた足場を移動させながら排気設備の撤去作業を終え、足場の解体作業を行った。手すりと中桟の一部を取り外し、下にいた作業者に手渡していたとき突然足場が傾いて倒壊し、3名が床面に墜落した。

原因と対策

① 　足場の組立て、解体の知識・経験を有する者がいなかった。知識・経験を有する者を作業指揮者とし、使用部材、工具、墜落制止用器具、保護帽の点検、作業方法の決定、進行状況および墜落制止用器具、保護帽の使用状況の監視等を行わせること。作業には特別教育修了者をあてること。なお、つり足場、張出し足場または高さが5m以上の構造の足場の組立て、解体、変更などの作業では、技能講習を修了した足場の組立て等作業主任者を選任し、作業の進行状況の監視等をさせることが必要となること。

② 　足場設置床面には、使用されていない排水路があり、足場のジャッキ型ベース金具の一部がこれにかかっていた。現場は薄暗く、じん埃が積もり、床面の状況が見えにくく、設置場所の床面の凹凸等の確認が十分に行われていなかった。部材の取外しと足場上での作業者の移動に伴って足場全体のバランスが崩れ、排水路上にかかったジャッキ型ベース金具側から傾いて倒壊したものと推定される。照度の確保、移動のつどの設置床面の確認、足場への控えまたは壁つなぎの取付けが必要である。

③ 　安全性を考慮した作業手順がなかった。組立て図の作成等により、組立て・解体作業中の墜落災害、足場の倒壊、沈下等を防止するための検討を事前に十分行い、その検討結果に基づき、作業方法および手順を決定すること。

災害事例 3

造船所内で、組立て中のつり足場が崩壊し、墜落

業種・被害状況

造船業、死亡者1名

災害発生状況

船体ブロックのブラスト作業に使用するつり足場の組立て中に発生した。

被災者の事業場は、元方事業者から、造船所内で、足場の組立て工事を請け負っていた。組み立てる足場については、元方事業場の従業者から口頭とコンクリート床面へのチョーク書きで説明された。これを基に足場の組立て等作業主任者を含む7名で作業にとりかかった。まずは地上で、船体ブロックに引っかけるアングル材で作られたブラケットにつりワイヤを取り付け、これに5段の足場板を取り付け、手すり材等の材料を足場板に

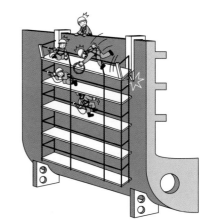

番線で取り付けた。これを移動式クレーンで船体ブロックに掛けた。その後、つり足場の組立てを3名が足場上で、2名が船体ブロック上から行っていた。

つり足場4段目で作業中の作業主任者から番線を持ってくるよう命じられた被災者が、船体ブロックの頂部からつり足場板の最上部に降りたところ、つりワイヤを取り付けていたブラケットが過荷重により変形し、つり足場が崩壊し、約12m下に墜落した。なお、つり足場上にいたほかの3人は、手すり等につかまり、また、墜落制止用器具を使用していたため、無事であった。

原因と対策

①　船体ブロックにつり足場を取り付けていたブラケットは、元方事業者の指示では、L字型に組んだアングルの上に引っ張り材として斜めに取り付けることとなっていたが、アングルの下に斜めに取り付けたため、強度が不足し、座屈した。つり足場の設置に当たっては、作業者数、積載物等作業中にかかる荷重を考慮し、十分に耐えうる構造にするとともに、構造、使用する材料等を記載した組立図を作成し、作業内容を作業者に確実に周知させること。

②　被災者に墜落制止用器具を使用させていなかった。作業主任者が墜落制止用器具の使用状況の監視等の必要な職務を行わせる等により、墜落制止用器具の使用を徹底させること。

③　つり足場の架設計画が、元方事業者から十分に伝わっておらず、つり足場が計画どおり架設されず、つり足場の強度が低下した。作業者に、作業の危険性、墜落防止措置、作業手順等について、安全衛生教育を計画的に実施すること。

つり足場の解体作業中、持っていた足場板が突風にあおられ、墜落

業種・被害状況

その他の建築工事業、死亡者1名

災害発生状況

地上20mのビル屋上の塔屋部に設置された広告塔の鉄骨部塗装工事終了後の、つり足場の解体中に発生した。

工事請負会社が、広告塔鉄骨からワイヤでつり下げられたつり足場の解体作業を行った。足場の組立て等作業主任者と3名の作業者が従事した。作業主任者の監視の下、つり足場に乗った作業者2名が長さ120cm、幅60cmの足場板を1枚ずつ取り外して繊維ロープで結び、このロープを塔屋上の1名が引上げ塔屋上に仮置きしていた。2名が5枚目の足場板を取り外し、内1名がロープを結ぼうとしたとき突風が吹き、足場板が風であおられ、バランスを崩し地上に墜落した。

原因と対策

① 現場には、ビル屋上から地上への作業者の墜落、資材の落下を防止するための防護措置が講じられていなかった。ビル屋上等高所における工事では、防護柵や安全ネットの設置等墜落・落下の防止措置を講じること。

② 被災者等は墜落制止用器具を着用していたが、使用していなかった。現場にいた元請会社の現場責任者や作業主任者は、墜落制止用器具を使用させるために親綱を張る等の墜落防止措置の実施や指導を行っていなかった。元請会社の現場責任者は、作業場所の巡視や元請と請負会社との間、また請負会社相互間の連絡・調整等を実施し、墜落防止措置等、必要な安全対策の実施・指示・指導を行うこと。作業主任者には、材料の欠点の有無の点検、作業の進行状況の監視、墜落制止用器具・保護帽等の使用状況の監視等を行わせること。

③ 当日は、晴天ではあったが、時おり強い風が吹いていた。高所で作業を行う場合、強風、大雨、大雪等の悪天候のため、作業者の墜落、資材の落下等の危険が予想されるときは、作業を中止すること。また、屋外で行われる工事は、悪天候により順延されることを考慮し、余裕を持たせた工期とすること。

災害事例 5

足場組立て作業中に、持っていた手すり用の鋼管が高圧電線に接触し、感電

業種・被害状況

その他の建築工事業、死亡者 1 名

災害発生状況

レストランの外壁塗装工事用の足場組立て作業中に発生した。

平屋のレストランの改修工事のための足場の組立て等が、二次請負会社とその工事の一部を請け負う三次請負会社の従業員で進められていた。建物の近くには、3,300V と表示された高圧線があり、作業等は危険だから注意しようと話し合っていた。二次請負会社から足場の組立て等作業主任者と 1 名、三次請負会社からは被災者を含め 3 名が現場に入り、被災者は 3 段に組まれたわく組み足場の上で手すり用鋼管の取付け作業をしていた。作業を開始して 1 時間ほど経過したときに、被災者が手で持っていた鋼管が近接していた高圧電線に接触したため、感電した。

原因と対策

① 電線の被覆は電線自体の保護のためのもので、感電を防止するものではない。高圧の架空電線に近接して足場の組立て等を行う場合には、絶縁用防護具の装着等を行うこと。

② 組立て時の危険性等の検討が行われず、足場の組立図も作成されていなかった。足場の組立て等については、あらかじめ設置場所、周辺の状況等を調査のうえ、組立図を作成して行うこと。

③ 工事現場の安全管理体制が整備されておらず、請負会社間の連絡調整等の統括管理等が不十分であった。元方事業者は統括管理を十分に行うこと。

④ 作業者に対する安全教育が不十分であったこと。元請会社の現場責任者は、作業場所の巡視や元請と請負会社との間、また請負会社相互間における連絡・調整等を必ず実施し、安全対策の指示、指導を行うこと。事業者は、雇用する労働者の安全教育を十分に行うこと。作業には特別教育修了者をあてること。

わく組足場の一部を変更し、脚立足場の足場板を搬入中、墜落

業種・被害状況

鉄骨・鉄筋コンクリート造家屋建築工事業、死亡者1名

災害発生状況

鉄骨3階建の事務所建築工事において、3階の内装作業に使用する脚立足場の脚立と足場板を、外部足場を使い人力により搬入している際に発生した。

躯体工事が終了し、左官工事、内装工事、外壁工事等を残し、躯体の周囲には、屋上部分までわく組足場が設置されていた。3階天井板取付け作業に必要な脚立22台、足場板30枚を3階フロアまで上げるため、外部足場の建地にブラケットを出し、それに取り付けた滑車にロープを掛け、その

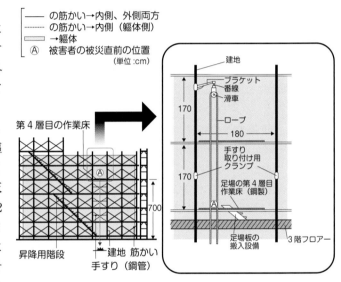

ロープに脚立足場資材を結び付けて、人力で上げる作業をしていた。被災者は外部足場の第4層目作業床上で上がってきた足場資材を受け取り、3階フロアへ搬入するという作業を担当していた。3階フロアへの搬入をしやすくするため、足場内側（躯体側）の筋かいは外された。

脚立搬入終了後、足場板を上げる作業に取りかかった。作業開始の直前、被災者は、足場板を取り込みやすくするため、足場第4層目作業床の外側の手すりを外した。19枚目の足場板を搬入する際、バランスを崩して足場板を抱えるようにして墜落した。

原因と対策

① 足場の手すりを臨時に外した際、墜落防止措置を取らなかった。作業の必要上臨時に手すりを取り外すときは、防網を張り、作業者に墜落制止用器具を使用させる等墜落による作業者の危険を防止するための措置を講ずること。

② 被災者に雇入れ時の安全教育が十分行われていなかった。作業者を雇い入れたときは、機械設備等の危険性、保護具の取扱い方法、作業手順等、従事する業務に関する安全衛生上の必要事項を教育すること。作業には特別教育修了者をあてること。

③ 安全性を考慮した作業手順を作成し、作業者に周知するとともに、これに従った作業を行わせること。

第Ⅳ編

関 係 法 令

第1章 関係法令を学ぶ前に

(1) 関係法令を学ぶ重要性

　法令とは、法律とそれに関係する命令（政令、省令など）の総称である。

　「労働安全衛生法」等は、過去に発生した多くの労働災害の貴重な教訓のうえに成り立っているもので、今後どのようにすればその労働災害が防げるかを示している。そのため、労働安全衛生法等を理解し、守るということは、単に法令遵守ということだけではなく、労働災害の防止を具体的にどのようにしたらよいかを知るために重要である。

　もちろん、特別教育のカリキュラムの時間数では、関係法令すべての内容を詳細に説明することは難しい。また、特別教育の受講者に内容の丸暗記を求めるものではない。まずは関係法令のうちの重要な関係条項について内容を確認し、作業マニュアル等、会社や現場でのルールを思い出し、それらが各種の関係法令を踏まえて作られているという関係をしっかり理解することが大切である。関係法令は、慣れるまでは非常に難しいと感じるかもしれないが、今回の特別教育を良い機会と捉えて、積極的に学習に取り組んでほしい。

(2) 関係法令を学ぶ上で知っておくこと

① 法律、政令、省令および告示

　国が企業や国民にその履行、遵守を強制するものが「法律」である。しかし一般に、法律の条文だけでは、具体的に何をしなければならないかはよく分からない。法律には、何をしなければならないか、その基本的、根本的なことのみが書かれ、それが守られないときにはどれだけの処罰を受けるかが明らかにされている。その対象は何か、具体的に行うべきことは何かについては、「政令」や「省令」（規則）等で明らかにされている。

　これは、法律にすべてを書くと、その時々の必要に応じて追加や修正を行おうとしたときに時間がかかるため、詳細は比較的容易に変更が可能な政令や省令に書くこととしているためである。そのため、法律を理解するには、政令、省令（規則）を含めた関係法令として理解する必要がある。

- ・法律……国会が定めるもの。国が企業や国民に履行・遵守を強制するもの。
- ・政令……内閣が制定する命令。○○法施行令という名称が一般的。
- ・省令……各省の大臣が制定する命令。○○法施行規則や○○規則という名称が多い。
- ・告示……一定の事項を法令に基づき広く知らせるためのもの。

② 労働安全衛生法、政令および省令

　労働安全衛生法については、政令に「労働安全衛生法施行令」があり、労働安全衛生法の各条に定められた規定の適用範囲、用語の定義などを定めている。また、省令には、「労働安全衛生規則」のようにすべての事業場に適用される事項の詳細等を定めるものと、特定の設備や、特定の業務等（粉じんの取扱い業務など）を行う事業場だけに適用される「特別規則」がある。労働安全衛生法と関係法令のうち、労働安全衛生にかかわる法令の関係を示すと図Ⅳ-1 のようになる。また、労働安全衛生法に係る行政機関は、図Ⅳ-2 の労働基準監督機関である。

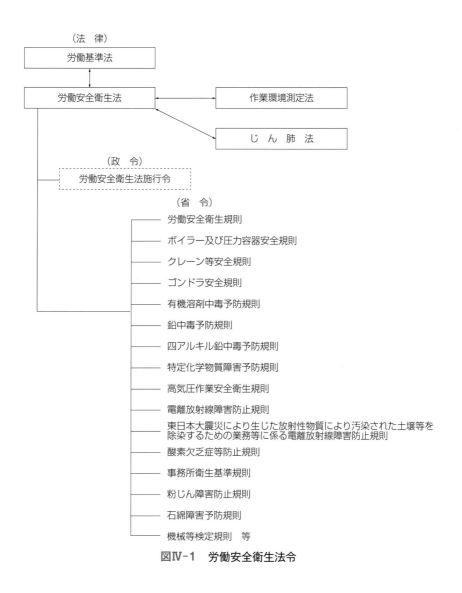

図Ⅳ-1　労働安全衛生法令

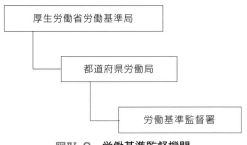

図Ⅳ-2　労働基準監督機関

③　通達、解釈例規

　法律、政令、省令とともに、さらに詳細な事項について具体的に定めて国民に知らせる
ものに「告示」がある。各種の技術基準などは一般に告示として公表される。

　「通達」は、法令の適正な運営のために、行政内部で発出される文書のことをいう。こ
れには2つの種類があり、ひとつは「解釈例規」といわれるもので、行政として所管する
法令の具体的判断や取扱基準を示すものである。もうひとつは、法令の施行の際の留意点
や考え方等を示したもので、「施行通達」と呼ばれることもある。通達は、番号（基発〇〇
〇〇第〇〇号など）と年月日で区別される。

　特別教育では、受講者に通達レベルまでの理解を求めるものではないが、省令や告示・
通達まで突き詰めて調べていくと、現場での作業で問題となる細かな事項まで触れられて
いることが多いと言ってよい。これら労働災害防止のための膨大な情報のうえに、会社や
現場のルールや作業のマニュアル等が作られていることをしっかり理解してほしい。

第2章 | 労働安全衛生法の あらまし

労働安全衛生法（抄）

昭和 47 年 6 月 8 日法律第 57 号

最終改正：令和 4 年 6 月 17 日法律第 68 号

(1)　総則（第1条〜第5条）

　労働安全衛生法（安衛法）の目的、法律に出てくる用語の定義、事業者の責務、労働者の協力等について定めている。

（目的）

第1条　この法律は、労働基準法（昭和 22 年法律第 49 号）と相まつて、労働災害の防止のための危害防止基準の確立、責任体制の明確化及び自主的活動の促進の措置を講ずる等その防止に関する総合的計画的な対策を推進することにより職場における労働者の安全と健康を確保するとともに、快適な職場環境の形成を促進することを目的とする。

　安衛法は，昭和 47 年に従来の労働基準法（労基法）の第 5 章、すなわち労働条件の 1 つである「安全及び衛生」を分離独立させて制定されたものである。第 1 条は、労基法の賃金、労働時間、休日などの一般的労働条件が労働災害と密接な関係があるため、安衛法と労基法は一体的な運用が図られる必要があることを明確にしながら、労働災害防止の目的を宣言したものである。

【労働基準法】

第42条　労働者の安全及び衛生に関しては、労働安全衛生法（昭和 47 年法律第 57 号）の定めるところによる。

（定義）

第2条　この法律において、次の各号に掲げる用語の意義は、それぞれ当該各号に定めるところによる。

　1　労働災害　労働者の就業に係る建設物、設備、原材料、ガス、蒸気、粉じん等により、又は作業行動その他業務に起因して、労働者が負傷し、疾病にかかり、又は死亡することをいう。

　2　労働者　労働基準法第 9 条に規定する労働者（同居の親族のみを使用する事業又は事

> 務所に使用される者及び家事使用人を除く。）をいう。
> 3　事業者　事業を行う者で、労働者を使用するものをいう。
> 第3号の2・第4号　略

　安衛法の「労働者」の定義は、労基法と同じである。すなわち、職業の種類を問わず、事業または事務所に使用されるもので、賃金を支払われる者である。

　労基法は「使用者」を「事業主又は事業の経営担当者その他その事業の労働者に関する事項について、事業主のために行為をするすべての者をいう。」（第10条）と定義しているのに対し、安衛法の「事業者」は、「事業を行う者で、労働者を使用するものをいう。」とし、労働災害防止に関する企業経営者の責務をより明確にしている。

> （事業者等の責務）
> **第3条**　事業者は、単にこの法律で定める労働災害の防止のための最低基準を守るだけでなく、快適な職場環境の実現と労働条件の改善を通じて職場における労働者の安全と健康を確保するようにしなければならない。また、事業者は、国が実施する労働災害の防止に関する施策に協力するようにしなければならない。
> ②　機械、器具その他の設備を設計し、製造し、若しくは輸入する者、原材料を製造し、若しくは輸入する者又は建設物を建設し、若しくは設計する者は、これらの物の設計、製造、輸入又は建設に際して、これらの物が使用されることによる労働災害の発生の防止に資するように努めなければならない。
> ③　建設工事の注文者等仕事を他人に請け負わせる者は、施工方法、工期等について、安全で衛生的な作業の遂行をそこなうおそれのある条件を附さないように配慮しなければならない。

　第1項は、第2条で定義された「事業者」、すなわち「事業を行う者で、労働者を使用するもの」の責務として、自社の労働者について法定の最低基準を遵守するだけでなく、積極的に労働者の安全と健康を確保する施策を講ずべきことを規定し、第2項は、製造した機械、輸入した機械、建設物などについて、それぞれの者に、それらを使用することによる労働災害防止の努力義務を課している。さらに第3項は、建設工事の注文者などに施工方法や工期等で安全や衛生に配慮した条件で発注することを求めたものである。

> **第4条**　労働者は、労働災害を防止するため必要な事項を守るほか、事業者その他の関係者が実施する労働災害の防止に関する措置に協力するように努めなければならない。

第４条では、当然のこととして、労働者もそれぞれの立場で労働災害の発生の防止のために必要な事項を守るほか、作業主任者の指揮に従う、保護具の使用を命じられた場合には使用する、などを守らなければならないことを定めている。

(2)　労働災害防止計画（第６条〜第９条）

労働災害の防止に関する総合的な対策を図るために、厚生労働大臣が策定する「労働災害防止計画」について定めている。

(3)　安全衛生管理体制（第10条〜第19条の３）

企業の安全衛生活動を確立させ、的確に促進させるために安衛法では組織的な安全衛生管理体制について規定しており、安全衛生組織には次の２通りのものがある。

ア　労働災害防止のための一般的な安全衛生管理組織

これには①総括安全衛生管理者、②安全管理者、③衛生管理者（衛生工学衛生管理者を含む）、④安全衛生推進者等、⑤産業医等、⑥作業主任者があり、安全衛生に関する調査審議機関として、安全委員会および衛生委員会ならびに安全衛生委員会がある。

安衛法では、一定規模以上の事業場で当該事業の実施を統括管理する者をもって総括安全衛生管理者に充てることとしている。安衛法第10条には、総括安全衛生管理者に安全管理者、衛生管理者を指揮させるとともに、次の業務を統括管理することが規定されている。

① 労働者の危険または健康障害を防止するための措置に関すること
② 労働者の安全または衛生のための教育の実施に関すること
③ 健康診断の実施その他健康の保持増進のための措置に関すること
④ 労働災害の原因の調査および再発防止対策に関すること
⑤ 安全衛生に関する方針の表明に関すること
⑥ 危険性または有害性等の調査（リスクアセスメント）およびその結果に基づき講ずる措置に関すること
⑦ 安全衛生に関する計画の作成、実施、評価および改善に関すること

また、安全管理者および衛生管理者は、①から⑦までの業務の安全面および衛生面の実務管理者として位置付けられており、安全衛生推進者や産業医についても、その役割が明確に規定されている。

> （作業主任者）
>
> **第14条**　事業者は、高圧室内作業その他の労働災害を防止するための管理を必要とする作業で、政令で定めるものについては、都道府県労働局長の免許を受けた者又は都道府県労働局長の登録を受けた者が行う技能講習を修了した者のうちから、厚生労働省令で定めるところにより、当該作業の区分に応じて、作業主任者を選任し、その者に当該作業に従事する労働者の指揮その他の厚生労働省令で定める事項を行わせなければならない。

　第14条は、労働災害を防止するための管理を必要とする作業で、政令で定めるものについて、作業主任者を選任しなければならないことを定めたものである。

イ　一の場所において、請負契約関係下にある数事業場が混在して事業を行うことから生ずる労働災害の防止のための安全衛生管理組織

　これには、①統括安全衛生責任者、②元方安全衛生管理者、③店社安全衛生管理者および④安全衛生責任者があり、また関係請負人を含めた協議組織がある。

　統括安全衛生責任者には、当該場所においてその事業の実施を統括管理するものをもって充てることとし、その職務として当該場所において各事業場の労働者が混在して働くことによって生ずる労働災害を防止するための事項を統括管理することとされている（建設業および造船業）。

　また、建設業の統括安全衛生責任者を選任した事業場は、元方安全衛生管理者を置き、統括安全衛生管理者の職務のうち技術的事項を管理させることとなっている。

　統括安全衛生責任者および元方安全衛生管理者を選任しなくてもよい場合であっても、一定のもの（中小規模の建設現場）については、店社安全衛生管理者を選任し、当該場所において各事業場の労働者が混在して働くことによって生ずる労働災害を防止するための事項に関する必要な措置を担当する者に対し指導を行う、毎月1回建設現場を巡回するなどの業務を行わせることとされている。

　さらに、下請事業における安全衛生管理体制を確立するため、統括安全衛生責任者を選任すべき事業場以外の請負人においては、安全衛生責任者を置き、統括安全衛生責任者からの指示、連絡を受け、これを関係者に伝達する等の措置をとらなければならないこととなっている。

　なお、安衛法第19条の2には、労働災害防止のための業務に従事する者に対し、その業務に関する能力の向上を図るための教育を受けさせるよう努めることが規定されている。

(4)　労働者の危険または健康障害を防止するための措置（第 20 条〜第 36 条）

　労働災害防止の基礎となる、いわゆる危害防止基準を定めたもので、①事業者の講ずべき措置、②厚生労働大臣による技術上の指針の公表、③元方事業者の講ずべき措置、④注文者の講ずべき措置、⑤機械等貸与者等の講ずべき措置、⑥建築物貸与者の講ずべき措置、⑦重量物の重量表示などが定められている。

（事業者の講ずべき措置等）

第 20 条　事業者は、次の危険を防止するため必要な措置を講じなければならない。

　1　機械、器具その他の設備（以下「機械等」という。）による危険

　2　爆発性の物、発火性の物、引火性の物等による危険

　3　電気、熱その他のエネルギーによる危険

第 21 条　事業者は、掘削、採石、荷役、伐木等の業務における作業方法から生ずる危険を防止するため必要な措置を講じなければならない。

②　事業者は、労働者が墜落するおそれのある場所、土砂等が崩壊するおそれのある場所等に係る危険を防止するため必要な措置を講じなければならない。

第 22 条　事業者は、次の健康障害を防止するため必要な措置を講じなければならない。

　1　原材料、ガス、蒸気、粉じん、酸素欠乏空気、病原体等による健康障害

　2　放射線、高温、低音、超音波、騒音、振動、異常気圧等による健康障害

　3　計器監視、精密工作等の作業による健康障害

　4　排気、排液又は残さい物による健康障害

第 23 条　事業者は、労働者を就業させる建設物その他の作業場について、通路、床面、階段等の保全並びに換気、採光、照明、保温、防湿、休養、避難及び清潔に必要な措置その他労働者の健康、風紀及び生命の保持のため必要な措置を講じなければならない。

第 24 条　事業者は、労働者の作業行動から生ずる労働災害を防止するため必要な措置を講じなければならない。

第 25 条　事業者は、労働災害発生の急迫した危険があるときは、直ちに作業を中止し、労働者を作業場から退避させる等必要な措置を講じなければならない。

　安衛則第 2 編第 10 章の通路、足場等に係る安全措置についての主な条文は、安衛法第 21 条および第 23 条の規定を根拠として定められている。

　なお、安衛法第 25 条の 2 には、建設業の特定工事における爆発・火災時の救護時における災害防止のため、必要な機械等の備付け等の措置を講じなければならないことが規定されている。

第26条　労働者は、事業者が第20条から第25条まで及び前条第1項の規定に基づき講ずる措置に応じて、必要な事項を守らなければならない。

第27条　第20条から第25条まで及び第25条の2第1項の規定により事業者が講ずべき措置及び前条の規定により労働者が守らなければならない事項は、厚生労働省令で定める。

②　前項の厚生労働省令を定めるに当たつては、公害（環境基本法（平成5年法律第91号）第2条第3項に規定する公害をいう。）その他一般公衆の災害で、労働災害と密接に関連するものの防止に関する法令の趣旨に反しないように配慮しなければならない。

（事業者の行うべき調査等）

第28条の2　事業者は、厚生労働省令で定めるところにより、建設物、設備、原材料、ガス、蒸気、粉じん等による、又は作業行動その他業務に起因する危険性又は有害性等（第57条第1項の政令で定める物及び第57条の2第1項に規定する通知対象物による危険性又は有害性等を除く。）を調査し、その結果に基づいて、この法律又はこれに基づく命令の規定による措置を講ずるほか、労働者の危険又は健康障害を防止するため必要な措置を講ずるように努めなければならない。ただし、当該調査のうち、化学物質、化学物質を含有する製剤その他の物で労働者の危険又は健康障害を生ずるおそれのあるものに係るもの以外のものについては、製造業その他厚生労働省令で定める業種に属する事業者に限る。

②・③　略

（元方事業者の講ずべき措置等）

第29条　元方事業者は、関係請負人及び関係請負人の労働者が、当該仕事に関し、この法律又はこれに基づく命令の規定に違反しないよう必要な指導を行なわなければならない。

②　元方事業者は、関係請負人又は関係請負人の労働者が、当該仕事に関し、この法律又はこれに基づく命令の規定に違反していると認めるときは、是正のため必要な指示を行なわなければならない。

③　前項の指示を受けた関係請負人又はその労働者は、当該指示に従わなければならない。

第30条の2　製造業その他政令で定める業種に属する事業（特定事業を除く。）の元方事業者は、その労働者及び関係請負人の労働者の作業が同一の場所において行われることによつて生ずる労働災害を防止するため、作業間の連絡及び調整を行うことに関する措置その他必要な措置を講じなければならない。

②～④　略

（注文者の講ずべき措置）

第31条　特定事業の仕事を自ら行う注文者は、建設物、設備又は原材料（以下「建設物等」という。）を、当該仕事を行う場所においてその請負人（当該仕事が数次の請負契約によつて行われるときは、当該請負人の請負契約の後次のすべての請負契約の当事者である請負人を含む。第31条の4において同じ。）の労働者に使用させるときは、当該建設物等について、当該労働者の労働災害を防止するため必要な措置を講じなければならない。

②　前項の規定は、当該事業の仕事が数次の請負契約によつて行なわれることにより同一の建設物等について同項の措置を講ずべき注文者が2以上あることとなるときは、後次の請負契約の当事者である注文者については、適用しない。

（機械等貸与者等の講ずべき措置等）

第33条　機械等で、政令で定めるものを他の事業者に貸与する者で、厚生労働省令で定めるもの（以下「機械等貸与者」という。）は、当該機械等の貸与を受けた事業者の事業場における当該機械等による労働災害を防止するため必要な措置を講じなければならない。

②　機械等貸与者から機械等の貸与を受けた者は、当該機械等を操作する者がその使用する労働者でないときは、当該機械等の操作による労働災害を防止するため必要な措置を講じなければならない。

③　前項の機械等を操作する者は、機械等の貸与を受けた者が同項の規定により講ずる措置に応じて、必要な事項を守らなければならない。

　第28条の2に定められた作業の危険性または有害性等の調査（リスクアセスメント）を実施し、その結果に基づいて労働者への危険または健康障害を防止するための必要な措置を講ずることは、安全衛生管理を進めるうえで今日的な重要事項となっている。

　なお、平成26年6月25日公布の「労働安全衛生法の一部を改正する法律」（平成26年法律第82号）により、一定の化学物質についてリスクアセスメントの実施が義務化（第57条の3）された。

(5)　機械等ならびに危険物および有害物に関する規制（第37条〜第58条）

ア　特定機械等に関する規制

（製造の許可）

第37条　特に危険な作業を必要とする機械等として別表第1に掲げるもので、政令で定めるもの（以下「特定機械等」という。）を製造しようとする者は、厚生労働省令で定めるところにより、あらかじめ、都道府県労働局長の許可を受けなければならない。

②　略

別表第1（第37条関係）

　　第1号・第2号　略

　　3　クレーン

　　4　移動式クレーン

　　第5号〜第8号　略

（検査証の交付等）

第39条　都道府県労働局長又は登録製造時等検査機関は、前条第1項又は第2項の検査（以下「製造時等検査」という。）に合格した移動式の特定機械等について、厚生労働省令で定めるところにより、検査証を交付する。

②　労働基準監督署長は、前条第3項の検査で、特定機械等の設置に係るものに合格した特定機械等について、厚生労働省令で定めるところにより、検査証を交付する。

③　略

（使用等の制限）

第40条 前条第1項又は第2項の検査証（以下「検査証」という。）を受けていない特定機械等（第38条第3項の規定により部分の変更又は再使用に係る検査を受けなければならない特定機械等で、前条第3項の裏書を受けていないものを含む。）は、使用してはならない。

② 検査証を受けた特定機械等は、検査証とともにするのでなければ、譲渡し、又は貸与してはならない。

　第37条から第41条では、特定機械等（ボイラーその他特に危険な作業を必要とする機械等）の製造の許可や、製造・設置・変更時の検査について規定されている。有効期間内の検査証（検査に合格すれば交付（変更時は検査証に裏書）される）を備えていない特定機械等は使用してはならない。

イ　譲渡等の制限等

（譲渡等の制限等）

第42条 特定機械等以外の機械等で、別表第2に掲げるものその他危険若しくは有害な作業を必要とするもの、危険な場所において使用するもの又は危険若しくは健康障害を防止するため使用するもののうち、政令で定めるものは、厚生労働大臣が定める規格又は安全装置を具備しなければ、譲渡し、貸与し、又は設置してはならない。

別表第2（第42条関係）

　　第1号～第13号　略

　　14　絶縁用防具

　　15　保護帽

　　第16号　略

　　機械、器具その他の設備による危険から労働災害を防止するためには、製造、流通段階において一定の基準により規制することが重要である。そこで安衛法では、危険もしくは有害な作業を必要とするもの、危険な場所において使用するものまたは危険または健康障害を防止するため使用するもののうち一定のものは、厚生労働大臣の定める規格または安全装置を具備しなければ譲渡し、貸与し、または設置してはならないこととしている。

ウ　型式検定

　　イの機械等のうち、さらに一定のものについては個別検定または型式検定を受けなければならないこととされている。

（型式検定）

第44条の2　第42条の機械等のうち、別表第4に掲げる機械等で政令で定めるものを製造し、又は輸入した者は、厚生労働省令で定めるところにより、厚生労働大臣の登録を受けた者（以下「登録型式検定機関」という。）が行う当該機械等の型式についての検定を受けなければならない。ただし、当該機械等のうち輸入された機械等で、その型式について次項の検定が行われた機械等に該当するものは、この限りでない。

②　前項に定めるもののほか、次に掲げる場合には、外国において同項本文の機械等を製造した者（以下この項及び第44条の4において「外国製造者」という。）は、厚生労働省令で定めるところにより、当該機械等の型式について、自ら登録型式検定機関が行う検定を受けることができる。

　　1　当該機械等を本邦に輸出しようとするとき。

　　2　当該機械等を輸入した者が外国製造者以外の者（以下この号において単に「他の者」という。）である場合において、当該外国製造者が当該他の者について前項の検定が行われることを希望しないとき。

③〜⑦　略

別表第4（第44条の2関係）

　　第1号〜第10号　略

　　11　絶縁用防具

　　12　保護帽

　　第13号　略

　足場作業に関連した器具としては、絶縁用防具と保護帽がある。それらの物は厚生労働大臣の定める規格を具備し、型式検定を合格したものでなければ使用してはならないこととされている。

エ　定期自主検査

　一定の機械等について、使用開始後一定の期間ごとに、所定の機能を維持していることを確認するために検査を行わなければならないこととされている。

オ　危険物および化学物質に関する規制

　危険物や化学物質について、製造の禁止や許可、容器等へのラベル表示および文書による有害性情報の提供等の義務について定めている。また、所定の化学物質についてのリスクアセスメント実施義務についても規定されている。

(6) 労働者の就業に当たっての措置（第59条〜第63条）

（安全衛生教育）

第59条 事業者は、労働者を雇い入れたときは、当該労働者に対し、厚生労働省令で定めるところにより、その従事する業務に関する安全又は衛生のための教育を行なわなければならない。

② 前項の規定は、労働者の作業内容を変更したときについて準用する。

③ 事業者は、危険又は有害な業務で、厚生労働省令で定めるものに労働者をつかせるときは、厚生労働省令で定めるところにより、当該業務に関する安全又は衛生のための特別の教育を行なわなければならない。

第60条 事業者は、その事業場の業種が政令で定めるものに該当するときは、新たに職務につくこととなつた職長その他の作業中の労働者を直接指導又は監督する者（作業主任者を除く。）に対し、次の事項について、厚生労働省令で定めるところにより、安全又は衛生のための教育を行なわなければならない。

　1　作業方法の決定及び労働者の配置に関すること。

　2　労働者に対する指導又は監督の方法に関すること。

　3　前二号に掲げるもののほか、労働災害を防止するため必要な事項で、厚生労働省令で定めるもの

第60条の2 事業者は、前二条に定めるもののほか、その事業場における安全衛生の水準の向上を図るため、危険又は有害な業務に現に就いている者に対し、その従事する業務に関する安全又は衛生のための教育を行うように努めなければならない。

② 厚生労働大臣は、前項の教育の適切かつ有効な実施を図るため必要な指針を公表するものとする。

③ 略

　労働災害を防止するためには、作業に就く労働者に対する安全衛生教育の徹底等もきわめて重要なことである。このような観点から安衛法では、新規雇入れ時のほか、作業内容変更時においても安全衛生教育を行うべきことを定め、また、危険有害業務に従事する者に対する特別教育や職長その他の現場監督者に対する安全衛生教育についても規定している。

（就業制限）

第61条 事業者は、クレーンの運転その他の業務で、政令で定めるものについては、都道府県労働局長の当該業務に係る免許を受けた者又は都道府県労働局長の登録を受けた者が行う当該業務に係る技能講習を修了した者その他厚生労働省令で定める資格を有する者でなければ、当該業務に就かせてはならない。

② 前項の規定により当該業務につくことができる者以外の者は、当該業務を行なつてはならない。

③ 第1項の規定により当該業務につくことができる者は、当該業務に従事するときは、これに係る免許証その他その資格を証する書面を携帯していなければならない。
④ 略

特定の危険業務に労働者を就業させるときは、一定の有資格者でなければその業務に就かせてはならない。

(7) 健康の保持増進のための措置（第64条〜第71条）

労働者の健康の保持増進のため、作業環境測定や健康診断、面接指導等の実施について定めている。

(8) 快適な職場環境の形成のための措置（第71条の2〜第71条の4）

労働者がその生活時間の多くを過ごす職場について、疲労やストレスを感じることが少ない快適な職場環境を形成する必要がある。安衛法では、事業者が講ずる措置について規定するとともに、国は、快適な職場環境の形成のための指針を公表することとしている。

(9) 免許等（第72条〜第77条）

（免許）
第72条 第12条第1項、第14条又は第61条第1項の免許（以下「免許」という。）は、第75条第1項の免許試験に合格した者その他厚生労働省令で定める資格を有する者に対し、免許証を交付して行う。
②〜④ 略
（技能講習）
第76条 第14条又は第61条第1項の技能講習（以下「技能講習」という。）は、別表第18に掲げる区分ごとに、学科講習又は実技講習によつて行う。
② 技能講習を行なつた者は、当該技能講習を修了した者に対し、厚生労働省令で定めるところにより、技能講習修了証を交付しなければならない。
③ 略
別表第18（第76条関係、抜粋）
9 足場の組立て等作業主任者技能講習

危険・有害業務であり労働災害を防止するために管理を必要とする作業について選任を義務付けられている作業主任者や特殊な業務に就く者に必要とされる資格、技能講習、試験等についての規定がなされている。

(10)　事業場の安全または衛生に関する改善措置等（第78条〜第87条）

　労働災害の防止を図るため、総合的な改善措置を講ずる必要がある事業場については、都道府県労働局長が安全衛生改善計画の作成を指示し、その自主的活動によって安全衛生状態の改善を進めることが制度化されており、そうした際に、企業外の民間有識者の安全および労働衛生についての知識を活用し、企業における安全衛生についての診断や指導に対する需要に応じるため、労働安全・労働衛生コンサルタント制度が設けられている。

　なお、平成26年の安衛法改正で、一定期間内に重大な労働災害を複数の事業場で繰返し発生させた企業に対し、厚生労働大臣が特別安全衛生改善計画の策定を指示することができる制度が創設された。企業が計画の作成指示や変更指示に従わない場合や計画を実施しない場合には、厚生労働大臣が当該事業者に勧告を行い、勧告に従わない場合には企業名を公表する仕組みとなっている。

(11)　監督等、雑則および罰則（第88条〜第123条）

ア　計画の届出

（計画の届出等）

第88条　事業者は、機械等で、危険若しくは有害な作業を必要とするもの、危険な場所において使用するもの又は危険若しくは健康障害を防止するため使用するもののうち、厚生労働省令で定めるものを設置し、若しくは移転し、又はこれらの主要構造部分を変更しようとするときは、その計画を当該工事の開始の日の30日前までに、厚生労働省令で定めるところにより、労働基準監督署長に届け出なければならない。ただし、第28条の2第1項に規定する措置その他の厚生労働省令で定める措置を講じているものとして、厚生労働省令で定めるところにより労働基準監督署長が認定した事業者については、この限りでない。

②　事業者は、建設業に属する事業の仕事のうち重大な労働災害を生ずるおそれがある特に大規模な仕事で、厚生労働省令で定めるものを開始しようとするときは、その計画を当該仕事の開始の日の30日前までに、厚生労働省令で定めるところにより、厚生労働大臣に届け出なければならない。

③　事業者は、建設業その他政令で定める業種に属する事業の仕事（建設業に属する事業にあつては、前項の厚生労働省令で定める仕事を除く。）で、厚生労働省令で定めるものを開始しようとするときは、その計画を当該仕事の開始の日の14日前までに、厚生労働省令で定めるところにより、労働基準監督署長に届け出なければならない。

④　事業者は、第1項の規定による届出に係る工事のうち厚生労働省令で定める工事の計画、第2項の厚生労働省令で定める仕事の計画又は前項の規定による届出に係る仕事のうち厚生労働省令で定める仕事の計画を作成するときは、当該工事に係る建設物若しくは機械等又は当該仕事から生ずる労働災害の防止を図るため、厚生労働省令で定める資格を有する者を参画させなければならない。

⑤～⑦　略

（使用停止命令等）

第98条　都道府県労働局長又は労働基準監督署長は、第20条から第25条まで、第25条の2第1項、第30条の3第1項若しくは第4項、第31条第1項、第31条の2、第33条第1項又は第34条の規定に違反する事実があるときは、その違反した事業者、注文者、機械等貸与者又は建築物貸与者に対し、作業の全部又は一部の停止、建設物等の全部又は一部の使用の停止又は変更その他労働災害を防止するため必要な事項を命ずることができる。

②　都道府県労働局長又は労働基準監督署長は、前項の規定により命じた事項について必要な事項を労働者、請負人又は建築物の貸与を受けている者に命ずることができる。

③　労働基準監督官は、前二項の場合において、労働者に急迫した危険があるときは、これらの項の都道府県労働局長又は労働基準監督署長の権限を即時に行うことができる。

④　都道府県労働局長又は労働基準監督署長は、請負契約によつて行われる仕事について第1項の規定による命令をした場合において、必要があると認めるときは、当該仕事の注文者（当該仕事が数次の請負契約によつて行われるときは、当該注文者の請負契約の先次のすべての請負契約の当事者である注文者を含み、当該命令を受けた注文者を除く。）に対し、当該違反する事実に関して、労働災害を防止するため必要な事項について勧告又は要請を行うことができる。

　一定の機械等を設置し、もしくは移転し、またはこれらの主要構造部分を変更しようとする事業者には、当該計画を事前に労働基準監督署長に届け出る義務を課し、事前に法令違反がないかどうかの審査が行われることとなっている。

イ　罰則

　安衛法は、その厳正な運用を担保するため、違反に対する罰則について12カ条の規定を置いている（第115条の3、第115条の4、第115条の5、第116条、第117条、第118条、第119条、第120条、第121条、第122条、第122条の2、第123条）。

　また、同法は、事業者責任主義を採用し、その第122条で両罰規定を設けて、各条が定めた措置義務者（事業者）のほかに、法人の代表者、法人または人の代理人、使用人その他の従事者がその法人または人の業務に関して、それぞれの違反行為をしたときの従事者が実行行為者等として罰されるほか、その法人または人に対しても、各本条に定める罰金刑を科すこととされている。

　なお、安衛法第20条から第25条まで及び第25条の2第1項に規定される事業者の講じた危害防止措置または救護措置等に関しては、第26条により労働者は遵守義務を負っており、これに違反した場合も罰金刑が科せられるので、心しておくこと。

第3章 労働安全衛生法 施行令（抄）

昭和47年8月19日政令第318号
最終改正：令和5年9月6日政令第276号

（作業主任者を選任すべき作業）

第6条 法第14条の政令で定める作業は、次のとおりとする。

　第1号〜第14号　略

　15　つり足場（ゴンドラのつり足場を除く。以下同じ。）、張出し足場又は高さが5メートル以上の構造の足場の組立て、解体又は変更の作業

　第15号の2〜第23号　略

（法第33条第1項の政令で定める機械等）

第10条 法第33条第1項の政令で定める機械等は、次に掲げる機械等とする。

　1　つり上げ荷重（クレーン（移動式クレーンを除く。以下同じ。）、移動式クレーン又はデリックの構造及び材料に応じて負荷させることができる最大の荷重をいう。以下同じ。）が0.5トン以上の移動式クレーン

　第2号・第3号　略

　4　作業床の高さ（作業床を最も高く上昇させた場合におけるその床面の高さをいう。以下同じ。）が2メートル以上の高所作業車

（特定機械等）

第12条 法第37条第1項の政令で定める機械等は、次に掲げる機械等（本邦の地域内で使用されないことが明らかな場合を除く。）とする。

　第1号・第2号　略

　3　つり上げ荷重が3トン以上（スタッカー式クレーンにあつては、1トン以上）のクレーン

　4　つり上げ荷重が3トン以上の移動式クレーン

　第5号〜第8号　略

② 略

（厚生労働大臣が定める規格又は安全装置を具備すべき機械等）

第13条 ①・② 略

③ 法第42条の政令で定める機械等は、次に掲げる機械等（本邦の地域内で使用されないことが明らかな場合を除く。）とする。

　第1号〜第7号　略

　8　フォークリフト

　第9号・第10号　略

　11　別表第8に掲げる鋼管足場用の部材及び附属金具

　12　つり足場用のつりチェーン及びつりわく

　13　合板足場板（アピトン又はカポールをフェノール樹脂等により接着したものに限る。）

　14　つり上げ荷重が0.5トン以上3トン未満（スタッカー式クレーンにあつては、0.5トン以

上1トン未満）のクレーン

15　つり上げ荷重が0.5トン以上3トン未満の移動式クレーン

第16号～第27号　略

28　墜落制止用器具

第29号～第33号　略

34　作業床の高さが2メートル以上の高所作業車

④・⑤　略

別表第8　鋼管足場用の部材及び附属金具（第13条関係）

1　わく組足場用の部材

1　建わく（簡易わくを含む。）

2　交さ筋かい

3　布わく

4　床付き布わく

5　持送りわく

2　布板一側足場用の布板及びその支持金具

3　移動式足場用の建わく（第1号の1に該当するものを除く。）及び脚輪

4　壁つなぎ用金具

5　継手金具

1　わく組足場用の建わくの脚柱ジョイント

2　わく組足場用の建わくのアームロック

3　単管足場用の単管ジョイント

6　緊結金具

1　直交型クランプ

2　自在型クランプ

7　ベース金具

1　固定型ベース金具

2　ジヤツキ型ベース金具

（型式検定を受けるべき機械等）

第14条の2　法第44条の2第1項の政令で定める機械等は、次に掲げる機械等（本邦の地域内で使用されないことが明らかな場合を除く。）とする。

第1号～第11号　略

12　保護帽（物体の飛来若しくは落下又は墜落による危険を防止するためのものに限る。）

第13号以下　略

（職長等の教育を行うべき業種）

第19条　法第60条の政令で定める業種は、次のとおりとする。

1　建設業

2　製造業（ただし書　略）

3　電気業

4　ガス業

5　自動車整備業

 6 機械修理業

（就業制限に係る業務）

第20条 法第61条第1項 の政令で定める業務は、次のとおりとする。

 第1号〜第5号 略

 6 つり上げ荷重が5トン以上のクレーン（跨線テルハを除く。）の運転の業務

 7 つり上げ荷重が1トン以上の移動式クレーンの運転（道路交通法（昭和35年法律第105号）第2条第1項第1号に規定する道路（以下この条において「道路」という。）上を走行させる運転を除く。）の業務

 第8号〜第10号 略

 11 最大荷重（フォークリフトの構造及び材料に応じて基準荷重中心に負荷させることができる最大の荷重をいう。）が1トン以上のフォークリフトの運転（道路上を走行させる運転を除く。）の業務

 第12号〜第14号 略

 15 作業床の高さが10メートル以上の高所作業車の運転（道路上を走行させる運転を除く。）の業務

 16 制限荷重が1トン以上の揚貨装置又はつり上げ荷重が1トン以上のクレーン、移動式クレーン若しくはデリックの玉掛けの業務

第 **4** 章 | 労働安全衛生規則 (抄)

昭和47年9月30日労働省令第32号

最終改正：令和6年6月3日厚生労働省令第95号

（注）各条の見出しのうち〈 〉で括ったものは、編注として補足した見出しである。

第1編 通則

第2章 安全衛生管理体制

第5節 作業主任者

（作業主任者の選任）

第16条 法第14条の規定による作業主任者の選任は、別表第1の上欄〈編注・左欄〉に掲げる作業の区分に応じて、同表の中欄に掲げる資格を有する者のうちから行なうものとし、その作業主任者の名称は、同表の下欄〈編注・右欄〉に掲げるとおりとする。

② 略

別表第1（第16条、第17条関係）（抄）

作業の区分	資格を有する者	名称
令第6条第15号の作業	足場の組立て等作業主任者技能講習を修了した者	足場の組立て等作業主任者

第3章 機械等並びに危険物及び有害物に関する規制

第1節 機械等に関する規制

（規格に適合した機械等の使用）

第27条 事業者は、法別表第2に掲げる機械等及び令第13条第3項各号に掲げる機械等については、法第42条の厚生労働大臣が定める規格又は安全装置を具備したものでなければ、使用してはならない。

（安全装置等の有効保持）

第28条 事業者は、法及びこれに基づく命令により設けた安全装置、覆（おお）い、囲い等（以下「安全装置等」という。）が有効な状態で使用されるようそれらの点検及び整備を行なわなければならない。

─── 解　説 ───

　本条の「安全装置」には、ボイラーの安全弁、クレーンの巻過ぎ防止装置等この省令以外の厚生労働省令において事業者に設置が義務づけられているものも含む。

第4章　安全衛生教育

（雇入れ時等の教育）

第35条　事業者は、労働者を雇い入れ、又は労働者の作業内容を変更したときは、当該労働者に対し、遅滞なく、次の事項のうち当該労働者が従事する業務に関する安全又は衛生のため必要な事項について、教育を行なわなければならない。

　1　機械等、原材料等の危険性又は有害性及びこれらの取扱い方法に関すること。

　2　安全装置、有害物抑制装置又は保護具の性能及びこれらの取扱い方法に関すること。

　3　作業手順に関すること。

　4　作業開始時の点検に関すること。

　5　当該業務に関して発生するおそれのある疾病の原因及び予防に関すること。

　6　整理、整頓及び清潔の保持に関すること。

　7　事故時等における応急措置及び退避に関すること。

　8　前各号に掲げるもののほか、当該業務に関する安全又は衛生のために必要な事項

②　事業者は、前項各号に掲げる事項の全部又は一部に関し十分な知識及び技能を有していると認められる労働者については、当該事項についての教育を省略することができる。

解　説

1　第1項の教育は、当該労働者が従事する業務に関する安全または衛生を確保するために必要な内容および時間をもって行う。

2　第1項第3号の事項は、現場に配属後、作業見習の過程において教えることを原則とする。

3　第2項は、職業訓練を受けた者等教育すべき事項について十分な知識および技能を有していると認められる労働者に対し、教育事項の全部または一部の省略を認める趣旨である。

（特別教育を必要とする業務）

第36条　法第59条第3項の厚生労働省令で定める危険又は有害な業務は、次のとおりとする。

　5　最大荷重1トン未満のフオークリフトの運転（道路交通法（昭和35年法律第105号）第2条第1項第1号 の道路（以下「道路」という。）上を走行させる運転を除く。）の業務

　10の5　作業床の高さ（令第10条第4号の作業床の高さをいう。）が10メートル未満の高所作業車（令第10条第4号 の高所作業車をいう。以下同じ。）の運転（道路上を走行させる運転を除く。）の業務

　11　動力により駆動される巻上げ機（電気ホイスト、エヤーホイスト及びこれら以外の巻上げ機でゴンドラに係るものを除く。）の運転の業務

　15　次に掲げるクレーン（移動式クレーン（令第1条第8号の移動式クレーンをいう。以下同じ。）を除く。以下同じ。）の運転の業務

　　イ　つり上げ荷重が5トン未満のクレーン

　　ロ　つり上げ荷重が5トン以上の跨線テルハ

　16　つり上げ荷重が1トン未満の移動式クレーンの運転（道路上を走行させる運転を除く。）の業務

　18　建設用リフトの運転の業務

　19　つり上げ荷重が1トン未満のクレーン、移動式クレーン又はデリックの玉掛けの業務

　20　ゴンドラの操作の業務

　39　足場の組立て、解体又は変更の作業に係る業務（地上又は堅固な床上における補助作業の

業務を除く。）

41　高さが2メートル以上の箇所であつて作業床を設けることが困難なところにおいて、墜落制止用器具（令第13条第3項第28号の墜落制止用器具をいう。第130条の5第1項において同じ。）のうちフルハーネス型のものを用いて行う作業に係る業務（前号に掲げる業務〈編注・ロープ高所作業に係る業務〉を除く。）

（第1号～第4号、第5号の2～第10号の4、第12号～第14号、第17号、第20号の2～第38号、第40号　略）

─────────── 解　　説 ───────────

第39号の「地上又は堅固な床上における補助作業」とは、地上または堅固な床上における材料の運搬、整理等の作業をいうものであり、足場材の緊結および取外しの作業ならびに足場上における補助作業は含まれない。

（特別教育の科目の省略）

第37条　事業者は、法第59条第3項の特別の教育（以下「特別教育」という。）の科目の全部又は一部について十分な知識及び技能を有していると認められる労働者については、当該科目についての特別教育を省略することができる。

（特別教育の記録の保存）

第38条　事業者は、特別教育を行なつたときは、当該特別教育の受講者、科目等の記録を作成して、これを3年間保存しておかなければならない。

（特別教育の細目）

第39条　前二条及び第592条の7に定めるもののほか、第36条第1号から第13号まで、第27号、第30号から第36号まで及び第39号から第41号までに掲げる業務に係る特別教育の実施について必要な事項は、厚生労働大臣が定める。

第5章　就業制限

（就業制限についての資格）

第41条　法第61条第1項に規定する業務につくことができる者は、別表第3の上欄〈編注・左欄〉に掲げる業務の区分に応じて、それぞれ、同表の下欄〈編注・右欄〉に掲げる者とする。

別表第3（第41条関係）（抄）

業務の区分	業務につくことができる者
令第20条第6号の業務のうち次の項に掲げる業務以外の業務	クレーン・デリック運転士免許を受けた者
令第20条第6号の業務のうち床上で運転し、かつ、当該運転をする者が荷の移動とともに移動する方式のクレーンの運転の業務	1　クレーン・デリック運転士免許を受けた者 2　床上操作式クレーン運転技能講習を修了した者
令第20条第7号の業務のうち次の項に掲げる業務以外の業務	移動式クレーン運転士免許を受けた者
令第20条第7号の業務のうちつり上げ荷重が5トン未満の移動式クレーンの運転の業務	1　移動式クレーン運転士免許を受けた者 2　小型移動式クレーン運転技能講習を修了した者

令第20条第8号の業務	クレーン・デリック運転士免許を受けた者
令第20条第11号の業務	1　フォークリフト運転技能講習を修了した者 2　職業能力開発促進法第27条第1項の準則訓練である普通職業訓練のうち職業能力開発促進法施行規則別表第2の訓練科の欄に定める揚重運搬機械運転系港湾荷役科の訓練（通信の方法によつて行うものを除く。）を修了した者で、フォークリフトについての訓練を受けたもの 3　その他厚生労働大臣が定める者
令第20条第15号の業務	1　高所作業車運転技能講習を修了した者 2　その他厚生労働大臣が定める者
令第20条第16号の業務	1　玉掛け技能講習を修了した者 2　職業能力開発促進法第27条第1項の準則訓練である普通職業訓練のうち職業能力開発促進法施行規則別表第4の訓練科の欄に掲げる玉掛け科の訓練（通信の方法によつて行うものを除く。）を修了した者 3　その他厚生労働大臣が定める者

第2編　安全基準

第1章の2　荷役運搬機械等

第1節　車両系荷役運搬機械等

第1款　総則

（作業指揮者）

第151条の4　事業者は、車両系荷役運搬機械等を用いて作業を行うときは、当該作業の指揮者を定め、その者に前条第1項の作業計画に基づき作業の指揮を行わせなければならない。

───── 解　説 ─────

1　本条の作業指揮者は、単独作業を行う場合には、特に選任を要しない。
2　事業者を異にする荷の受渡しが行われるときまたは事業者を異にする作業が輻輳するときの作業指揮は、各事業者ごとに作業指揮者が指名されることになるが、この場合は、各作業指揮者間において作業の調整を行わせること。

（制限速度）

第151条の5　事業者は、車両系荷役運搬機械等（最高速度が毎時10キロメートル以下のものを除く。）を用いて作業を行うときは、あらかじめ、当該作業に係る場所の地形、地盤の状態等に応じた車両系荷役運搬機械等の適正な制限速度を定め、それにより作業を行わなければならない。

②　前項の車両系荷役運搬機械等の運転者は、同項の制限速度を超えて車両系荷役運搬機械等を運転してはならない。

───── 解　説 ─────

　第1項の「制限速度」は、事業者の判断で適正と認められるものを定めるものであるが、定められた制限速度については、事業者および労働者とも拘束されるものであること。なお、「制限速度」は必要に応じて車種別、場所別に定めること。

（接触の防止）

第151条の7　事業者は、車両系荷役運搬機械等を用いて作業を行うときは、運転中の車両系荷役運搬機械等又はその荷に接触することにより労働者に危険が生ずるおそれのある箇所に労働者を立ち入らせてはならない。ただし、誘導者を配置し、その者に当該車両系荷役運搬機械等を誘導させるときは、この限りでない。

②　前項の車両系荷役運搬機械等の運転者は、同項ただし書の誘導者が行う誘導に従わなければならない。

─── 解　説 ───

　第1項の「危険が生ずるおそれのある箇所」には、機械の走行範囲だけでなく、ショベルローダーのバケット等の荷役装置の可動範囲、フォークローダーの材木のはみ出し部分等がある。

令和6年4月30日厚生労働省令第80号の改正により、令和7年4月1日より第151条の7第1項が以下のとおりとなる。
第151条の7　事業者は、車両系荷役運搬機械等を用いて作業を行うときは、運転中の車両系荷役運搬機械等又はその荷に接触することにより危険が生ずるおそれのある箇所に当該作業場において作業に従事する者が立ち入ることについて、禁止する旨を見やすい箇所に表示することその他の方法により禁止しなければならない。ただし、誘導者を配置し、その者に当該車両系荷役運搬機械等を誘導させるときは、この限りでない。

（合図）

第151条の8　事業者は、車両系荷役運搬機械等について誘導者を置くときは、一定の合図を定め、誘導者に当該合図を行わせなければならない。

②　前項の車両系荷役運搬機械等の運転者は、同項の合図に従わなければならない。

（搭乗の制限）

第151条の13　事業者は、車両系荷役運搬機械等（不整地運搬車及び貨物自動車を除く。）を用いて作業を行うときは、乗車席以外の箇所に労働者を乗せてはならない。ただし、墜落による労働者の危険を防止するための措置を講じたときは、この限りでない。

─── 解　説 ───

　ただし書の「危険を防止するための措置」とは、ストラドルキャリヤー等の高所や走行中の車両系荷役運搬機械等から労働者が墜落することを防止するための覆い、囲い等を設けることをいう。

令和6年4月30日厚生労働省令第80号の改正により、令和7年4月1日より第151条の13が以下のとおりとなる。
第151条の13　事業者は、車両系荷役運搬機械等（不整地運搬車及び貨物自動車を除く。）を用いて作業を行うときは、当該作業場において作業に従事する者を乗車席以外の箇所に乗せてはならない。ただし、墜落による危険を防止するための措置を講じたときは、この限りでない。

（主たる用途以外の使用の制限）

第151条の14　事業者は、車両系荷役運搬機械等を荷のつり上げ、労働者の昇降等当該車両系荷役運搬機械等の主たる用途以外の用途に使用してはならない。ただし、労働者に危険を及ぼすおそれのないときは、この限りでない。

━━━━━━ 解　説 ━━━━━━

1　本条は、墜落のみでなく、はさまれ、巻き込まれ等の危険も併せて防止する趣旨である。
2　ただし書の「危険を及ぼすおそれのないとき」とは、フォークリフト等の転倒のおそれがない場

合で、パレット等の周囲に十分な高さの手すりもしくはわく等を設け、かつ、パレット等をフォークに固定することまたは労働者に命綱を使用させること等の措置を講じたときをいう。

第2章　建設機械等

第2節の3　高所作業車

（作業指揮者）

第194条の10　事業者は、高所作業車を用いて作業を行うときは、当該作業の指揮者を定め、その者に前条第1項の作業計画に基づき作業の指揮を行わせなければならない。

（合図）

第194条の12　事業者は、高所作業車を用いて作業を行う場合で、作業床以外の箇所で作業床を操作するときは、作業床上の労働者と作業床以外の箇所で作業床を操作する者との間の連絡を確実にするため、一定の合図を定め、当該合図を行う者を指名してその者に行わせる等必要な措置を講じなければならない。

（搭乗の制限）

第194条の15　事業者は、高所作業車を用いて作業を行うときは、乗車席及び作業床以外の箇所に労働者を乗せてはならない。

┌─────────────────────────────────────┐
令和6年4月30日厚生労働省令第80号の改正により、令和7年4月1日より第194条の15が以下のとおりとなる。
第194条の15　事業者は、高所作業車を用いて作業を行うときは、当該作業場において作業に従事する者を乗車席及び作業床以外の箇所に乗せてはならない。
└─────────────────────────────────────┘

（使用の制限）

第194条の16　事業者は、高所作業車については、積載荷重（高所作業車の構造及び材料に応じて、作業床に人又は荷を乗せて上昇させることができる最大の荷重をいう。）その他の能力を超えて使用してはならない。

（主たる用途以外の使用の制限）

第194条の17　事業者は、高所作業車を荷のつり上げ等当該高所作業車の主たる用途以外の用途に使用してはならない。ただし、労働者に危険を及ぼすおそれのないときは、この限りでない。

（要求性能墜落制止用器具等の使用）

第194条の22　事業者は、高所作業車（作業床が接地面に対し垂直にのみ上昇し、又は下降する構造のものを除く。）を用いて作業を行うときは、当該高所作業車の作業床上の労働者に要求性能墜落制止用器具等を使用させなければならない。

②　前項の労働者は、要求性能墜落制止用器具等を使用しなければならない。

━━━━━━ 解　説 ━━━━━━

「要求性能墜落制止用器具」＝墜落による危険のおそれに応じた性能を有する墜落制止用器具。
「要求性能墜落制止用器具等」＝要求性能墜落制止用器具その他の命綱。以下同じ。

第5章　電気による危険の防止

第1節　電気機械器具

（電気機械器具の囲い等）

第329条　事業者は、電気機械器具の充電部分（電熱器の発熱体の部分、抵抗溶接機の電極の部分等電気機械器具の使用の目的により露出することがやむを得ない充電部分を除く。）で、労働者が作業中又は通行の際に、接触（導電体を介する接触を含む。以下この章において同じ。）し、又は接近することにより感電の危険を生ずるおそれのあるものについては、感電を防止するための囲い又は絶縁覆いを設けなければならない。ただし、配電盤室、変電室等区画された場所で、事業者が第36条第4号の業務に就いている者（以下「電気取扱者」という。）以外の者の立入りを禁止したところに設置し、又は電柱上、塔上等隔離された場所で、電気取扱者以外の者が接近するおそれのないところに設置する電気機械器具については、この限りでない。

――――――――――――――――　解　説　――――――――――――――――

1　「導電体を介する接触」とは、金属製工具、金属材料等の導電体を取り扱っている際に、これらの導電体が露出充電部分に接触することをいう。

2　「接近することにより感電の危険を生ずる」とは、高圧または特別高圧の充電電路に接近した場合に、接近アークまたは誘導電流により、感電の危害を生ずることをいう。

3　「絶縁覆いを設け」とは、当該露出充電部分と絶縁されている金属製箱に当該露出充電部分を収めること、ゴム、ビニール、ベークライト等の絶縁材料を用いて当該露出充電部分を被覆すること等をいう。

第4節　活線作業及び活線近接作業

（工作物の建設等の作業を行なう場合の感電の防止）

第349条　事業者は、架空電線又は電気機械器具の充電電路に近接する場所で、工作物の建設、解体、点検、修理、塗装等の作業若しくはこれらに附帯する作業又はくい打機、くい抜機、移動式クレーン等を使用する作業を行なう場合において、当該作業に従事する労働者が作業中又は通行の際に、当該充電電路に身体等が接触し、又は接近することにより感電の危険が生ずるおそれのあるときは、次の各号のいずれかに該当する措置を講じなければならない。

1　当該充電電路を移設すること。

2　感電の危険を防止するための囲いを設けること。

3　当該充電電路に絶縁用防護具を装着すること。

4　前三号に該当する措置を講ずることが著しく困難なときは、監視人を置き、作業を監視させること。

───── 解　説 ─────

1　本条の「架空電線」とは、送電線、配電線、引込線、電気鉄道またはクレーンのトロリー線等の架設の配線をいう。

2　本条の「工作物」とは、人為的な労作を加えることによって、通常、土地に固定して整備される物をいう。ただし、電路の支持物は除かれる。

3　「これらに附帯する作業」には、調査、測量、掘削、運搬等が含まれる。

4　「くい打機、くい抜機、移動式クレーン等」の「等」には、ウインチ、レッカー車、機械集材装置、運材索道等が含まれ、「くい打機、くい抜機、移動式クレーン等を使用する作業を行なう場合」の「使用する作業を行なう場合」とは、運転およびこれに附帯する作業のほか、組立、移動、点検、調整または解体を行う場合が含まれる。

5　本条の「囲い」とは、乾燥した木材、ビニール板等絶縁効力のあるもので作られたものでなければならない。

6　本条の「絶縁用防護具」とは、建設工事（電気工事を除く。）等を活線に近接して行う場合の線カバー、がいしカバー、シート等電路に装着する感電防止用装具であって、電気工事用の絶縁用防具とは異なるものであるが、これらの絶縁用防具の構造、材質、絶縁性能等が第348条に基づいて厚生労働大臣が告示で定める規格に適合するものは、本状の絶縁用防具に含まれる。ただし、電気工事用の絶縁用防具のうち天然ゴム製のものは、耐候性の点から本条の絶縁用防護具には含まれない。

第9章　墜落、飛来崩壊等による危険の防止

第1節　墜落等による危険の防止

（作業床の設置等）

第518条　事業者は、高さが2メートル以上の箇所（作業床の端、開口部等を除く。）で作業を行なう場合において墜落により労働者に危険を及ぼすおそれのあるときは、足場を組み立てる等の方法により作業床を設けなければならない。

②　事業者は、前項の規定により作業床を設けることが困難なときは、防網を張り、労働者に要求性能墜落制止用器具を使用させる等墜落による労働者の危険を防止するための措置を講じなければならない。

───── 解　説 ─────

1　第1項の「作業床の端、開口部等」には、物品揚卸口、ピット、たて坑またはおおむね40度以上の斜坑の抗口およびこれが他の抗道と交わる場所ならびに井戸、船舶のハッチ等が含まれ、「足場を組み立てる等の方法により作業床を設ける」には、配管、機械設備等の上に作業床を設けること等が含まれる。

2　第2項の「労働者に要求性能墜落制止用器具を使用させる等」の「等」には、荷の上の作業等であって、労働者に要求性能墜落制止用器具を使用させることが著しく困難な場合において、墜落による危害を防止するための保護帽を着用させる等の措置が含まれる。

〈手すりの設置等〉

第519条　事業者は、高さが2メートル以上の作業床の端、開口部等で墜落により労働者に危険を及ぼすおそれのある箇所には、囲い、手すり、覆い等（以下この条において「囲い等」という。）を設けなければならない。

②　事業者は、前項の規定により、囲い等を設けることが著しく困難なとき又は作業の必要上臨時に囲い等を取りはずすときは、防網を張り、労働者に要求性能墜落制止用器具を使用させる等墜落による労働者の危険を防止するための措置を講じなければならない。

〈要求性能墜落制止用器具の使用〉

第 520 条　労働者は、第 518 条第 2 項及び前条第 2 項の場合において、要求性能墜落制止用器具等の使用を命じられたときは、これを使用しなければならない。

（要求性能墜落制止用器具等の取付設備等）

第 521 条　事業者は、高さが 2 メートル以上の箇所で作業を行う場合において、労働者に要求性能墜落制止用器具等を使用させるときは、要求性能墜落制止用器具等を安全に取り付けるための設備等を設けなければならない。

②　事業者は、労働者に要求性能墜落制止用器具等を使用させるときは、要求性能墜落制止用器具等及びその取付け設備等の異常の有無について、随時点検しなければならない。

　　　　　　　　　　解　　説

「要求性能墜落制止用器具等を安全に取り付けるための設備等」の「等」には、はり、柱等がすでに設けられており、これらに要求性能墜落制止用器具等を安全に取り付けるための設備として利用することができる場合が含まれる。

（悪天候時の作業禁止）

第 522 条　事業者は、高さが 2 メートル以上の箇所で作業を行なう場合において、強風、大雨、大雪等の悪天候のため、当該作業の実施について危険が予想されるときは、当該作業に労働者を従事させてはならない。

　　　　　　　　　　解　　説

1　「強風」とは、10 分間の平均風速が毎秒 10m 以上の風を、「大雨」とは 1 回の降雨量が 50mm 以上の降雨を、「大雪」とは 1 回の降雪量が 25cm 以上の降雪をいう。

2　「強風、大雨、大雪等の悪天候のため」には、当該作業地域が実際にこれらの悪天候となった場合のほか、当該地域に強風、大雨、大雪等の気象注意報または気象警報が発せられ悪天候となることが予想される場合を含む。

令和 6 年 4 月 30 日厚生労働省令第 80 号の改正により、令和 7 年 4 月 1 日より第 522 条中の一部文言が以下のとおり改正される。

第 1 項中「行なう」を「行う」に、「当該作業に労働者を従事させてはならない。」を「当該作業を行わせてはならない。」にそれぞれ改める。

（照度の保持）

第 523 条　事業者は、高さが 2 メートル以上の箇所で作業を行なうときは、当該作業を安全に行なうため必要な照度を保持しなければならない。

（昇降するための設備の設置等）

第 526 条　事業者は、高さ又は深さが 1.5 メートルをこえる箇所で作業を行なうときは、当該作業に従事する労働者が安全に昇降するための設備等を設けなければならない。ただし、安全に昇降するための設備等を設けることが作業の性質上著しく困難なときは、この限りでない。

②　前項の作業に従事する労働者は、同項本文の規定により安全に昇降するための設備等が設けられたときは、当該設備等を使用しなければならない。

━━━━━━━━ 解　説 ━━━━━━━━

1　「安全に昇降するための設備等」の「等」には、エレベーター、階段等がすでに設けられており労働者が容易にこれらの設備を利用し得る場合が含まれる。

2　「作業の性質上著しく困難なとき」には、立木等を昇降する場合があること。なお、この場合、労働者に当該立木等を安全に昇降するための用具を使用させなければならない。

┌─────────────────────────────────────┐
│　令和6年4月30日厚生労働省令第80号の改正により、令和7年4月1日より第526条中の一部文言が以下│
│のとおり改正される。│
│　第2項中「労働者」を「者」に改める。│
└─────────────────────────────────────┘

（移動はしご）

第527条　事業者は、移動はしごについては、次に定めるところに適合したものでなければ使用してはならない。

1　丈夫な構造とすること。

2　材料は、著しい損傷、腐食等がないものとすること。

3　幅は、30センチメートル以上とすること。

4　すべり止め装置の取付けその他転位を防止するために必要な措置を講ずること。

━━━━━━━━ 解　説 ━━━━━━━━

1　「転位を防止するために必要な措置」には、はしごの上方を建築物等に取り付けること、他の労働者がはしごの下方を支えること等の措置が含まれる。

2　移動はしごは、原則として継いで用いることを禁止し、やむを得ず継いで用いる場合には、次によるよう指導すること。

　ア　全体の長さは9メートル以下とする。

　イ　継手が重合せ継手のときは、接続部において1.5メートル以上を重ね合わせて2箇所以上において堅固に固定する。

　ウ　継手が突合せ継手のときは1.5メートル以上の添木を用いて4箇所以上において堅固に固定する。

3　移動はしごの踏み桟は、25センチメートル以上35センチメートル以下の間隔で、かつ、等間隔に設けられていることが望ましい。

（脚立（きやたつ））

第528条　事業者は、脚立（きやたつ）については、次に定めるところに適合したものでなければ使用してはならない。

1　丈夫な構造とすること。

2　材料は、著しい損傷、腐食等がないものとすること。

3　脚と水平面との角度を75度以下とし、かつ、折りたたみ式のものにあつては、脚と水平面との角度を確実に保つための金具等を備えること。

4　踏み面は、作業を安全に行なうため必要な面積を有すること。

（建築物等の組立て、解体又は変更の作業）

第529条　事業者は、建築物、橋梁（りよう）、足場等の組立て、解体又は変更の作業（作業主任者を選任しなければならない作業を除く。）を行なう場合において、墜落により労働者に危険を及ぼすおそれのあるときは、次の措置を講じなければならない。

1　作業を指揮する者を指名して、その者に直接作業を指揮させること。

2　あらかじめ、作業の方法及び順序を当該作業に従事する労働者に周知させること。

（立入禁止）

146

第530条　事業者は、墜落により労働者に危険を及ぼすおそれのある箇所に関係労働者以外の労働者を立ち入らせてはならない。

令和6年4月30日厚生労働省令第80号の改正により、令和7年4月1日より第530条が以下のとおりとなる。
第530条　事業者は、墜落により危険を及ぼすおそれのある箇所に関係者以外の者が立ち入ることについて、禁止する旨を見やすい箇所に表示することその他の方法により禁止しなければならない。

第2節　飛来崩壊災害による危険の防止

（高所からの物体投下による危険の防止）
第536条　事業者は、3メートル以上の高所から物体を投下するときは、適当な投下設備を設け、監視人を置く等労働者の危険を防止するための措置を講じなければならない。
②　労働者は、前項の規定による措置が講じられていないときは、3メートル以上の高所から物体を投下してはならない。
（物体の落下による危険の防止）
第537条　事業者は、作業のため物体が落下することにより、労働者に危険を及ぼすおそれのあるときは、防網の設備を設け、立入区域を設定する等当該危険を防止するための措置を講じなければならない。
（物体の飛来による危険の防止）
第538条　事業者は、作業のため物体が飛来することにより労働者に危険を及ぼすおそれのあるときは、飛来防止の設備を設け、労働者に保護具を使用させる等当該危険を防止するための措置を講じなければならない。

—— 解　説 ——
飛来防止の設備は、物体の飛来自体を防ぐ措置を第一とし、この予防措置を設けがたい場合、もしくはこの予防措置を設けるもなお危害のおそれのある場合に、保護具を使用させること。

（保護帽の着用）
第539条　事業者は、船台の附近、高層建築場等の場所で、その上方において他の労働者が作業を行なつているところにおいて作業を行なうときは、物体の飛来又は落下による労働者の危険を防止するため、当該作業に従事する労働者に保護帽を着用させなければならない。
②　前項の作業に従事する労働者は、同項の保護帽を着用しなければならない。

—— 解　説 ——
第1項は、物体が飛来し、または落下して第1項に掲げる作業に従事する労働者に危害を及ぼすおそれがない場合には適用しない。

第10章　通路、足場等

第1節　通路等

（通路）
第540条　事業者は、作業場に通ずる場所及び作業場内には、労働者が使用するための安全な

通路を設け、かつ、これを常時有効に保持しなければならない。

② 前項の通路で主要なものには、これを保持するため、通路であることを示す表示をしなければならない。

─────── 解　説 ───────
　通路とは、当該場所において作業を行う労働者以外の労働者も通行する場所をいう。

（通路の照明）
第541条　事業者は、通路には、正常の通行を妨げない程度に、採光又は照明の方法を講じなければならない。ただし、坑道、常時通行の用に供しない地下室等で通行する労働者に、適当な照明具を所持させるときは、この限りでない。

（架設通路）
第552条　事業者は、架設通路については、次に定めるところに適合したものでなければ使用してはならない。

1　丈夫な構造とすること。

2　勾配は、30度以下とすること。ただし、階段を設けたもの又は高さが2メートル未満で丈夫な手掛を設けたものはこの限りでない。

3　勾配が15度を超えるものには、踏桟その他の滑止めを設けること。

4　墜落の危険のある箇所には、次に掲げる設備（丈夫な構造の設備であつて、たわみが生ずるおそれがなく、かつ、著しい損傷、変形又は腐食がないものに限る。）を設けること。

　イ　高さ85センチメートル以上の手すり又はこれと同等以上の機能を有する設備（以下「手すり等」という。）

　ロ　高さ35センチメートル以上50センチメートル以下の桟又はこれと同等以上の機能を有する設備（以下「中桟等」という。）

5　たて坑内の架設通路でその長さが15メートル以上であるものは、10メートル以内ごとに踊場を設けること。

6　建設工事に使用する高さ8メートル以上の登り桟橋には、7メートル以内ごとに踊場を設けること。

② 前項第4号の規定は、作業の必要上臨時に手すり等又は中桟等を取り外す場合において、次の措置を講じたときは、適用しない。

1　要求性能墜落制止用器具を安全に取り付けるための設備等を設け、かつ、労働者に要求性能墜落制止用器具を使用させる措置又はこれと同等以上の効果を有する措置を講ずること。

2　前号の措置を講ずる箇所には、関係労働者以外の労働者を立ち入らせないこと。

③ 事業者は、前項の規定により作業の必要上臨時に手すり等又は中桟等を取り外したときは、その必要がなくなつた後、直ちにこれらの設備を原状に復さなければならない。

④ 労働者は、第2項の場合において、要求性能墜落制止用器具の使用を命じられたときは、これを使用しなければならない。

解　説

1　第1項第4号の「丈夫な構造の設備であつて、たわみが生ずるおそれがなく、かつ、著しい損傷、変形又は腐食がないものに限る」とは、繊維ロープ等可撓性の材料で構成されるものについては認めない趣旨である。

2　第1項第4号イおよびロの「高さ」とは、架設通路面から手すりまたは桟の上縁までの距離をいう。

3　第1項第4号イの「これと同等以上の機能を有する設備」には、次に掲げるものがあること。
　ア　高さ85センチメートル以上の防音パネル（パネル状）
　イ　高さ85センチメートル以上のネットフレーム（金網状）
　ウ　高さ85センチメートル以上の金網

4　第1項第4号ロの「桟」とは、労働者の墜落防止のために、架設通路面と手すりの中間部に手すりと平行に設置される棒状の丈夫な部材をいい、「これと同等以上の機能を有する設備」には、次に掲げるものがあること。
　ア　高さ35センチメートル以上の幅木
　イ　高さ35センチメートル以上の防音パネル（パネル状）

　ウ　高さ35センチメートル以上のネットフレーム（金網状）
　エ　高さ35センチメートル以上の金網
　オ　架設通路面と手すりの間において、労働者の墜落防止のために有効となるようにX字型に配置された2本の斜材

5　第2項第1号の「要求性能墜落制止用器具を安全に取り付けるための設備等」の「等」には、取り外されていない手すり等を、要求性能墜落制止用器具を安全に取り付けるための設備として利用することができる場合が含まれる。「要求性能墜落制止用器具」は、令第13条第3項第28号の墜落制止用器具に限る趣旨であり、墜落制止用器具の規格（平成31年厚生労働省告示第11号）に適合しない命綱を含まない。

6　第2項第1号により、事業者が労働者に要求性能墜落制止用器具を使用させるときは、第521条2項に基づき、墜落制止用器具およびその取付け設備等の異常の有無について、随時点検しなければならない。

7　第2項第2号の「関係労働者」には、手すり等または中桟等を取り外す箇所において作業を行う者および作業を指揮する者が含まれる。

令和6年4月30日厚生労働省令第80号の改正により、令和7年4月1日より第522条第2項第2号が以下のとおりとなる。
　2　前号の措置を講ずる箇所に作業に関係する者以外の者が立ち入ることについて、禁止する旨を見やすい箇所に表示することその他の方法により禁止すること。

（はしご道）

第556条　事業者は、はしご道については、次に定めるところに適合したものでなければ使用してはならない。

1　丈夫な構造とすること。

2　踏さんを等間隔に設けること。

3　踏さんと壁との間に適当な間隔を保たせること。

4　はしごの転位防止のための措置を講ずること。

5　はしごの上端を床から60センチメートル以上突出させること。

6　坑内はしご道でその長さが10メートル以上のものは、5メートル以内ごとに踏だなを設けること。

7　坑内はしご道のこう配は、80度以内とすること。

②　前項第5号から第7号までの規定は、潜函内等のはしご道については、適用しない。

（安全靴等の使用）

第558条　事業者は、作業中の労働者に、通路等の構造又は当該作業の状態に応じて、安全靴その他の適当な履物を定め、当該履物を使用させなければならない。

②　前項の労働者は、同項の規定により定められた履物の使用を命じられたときは、当該履物を

使用しなければならない。

第2節　足場

第1款　材料等

（材料等）

第559条　事業者は、足場の材料については、著しい損傷、変形又は腐食のあるものを使用してはならない。

② 　事業者は、足場に使用する木材については、強度上の著しい欠点となる割れ、虫食い、節、繊維の傾斜等がなく、かつ、木皮を取り除いたものでなければ、使用してはならない。

― 解　説 ―

　足場とは、いわゆる本足場、一側足場、つり足場、張出し足場、脚立足場等のごとく建設物、船舶等の高所部に対する塗装、鋲打、部材の取付けまたは取外し等の作業において、労働者を作業箇所に接近させて作業させるために設ける仮設の作業床およびこれを支持する仮設物をいい、資材等の運搬または集積を主目的として設ける桟橋またはステージング、コンクリート打設のためのサポート等は該当しない。

（鋼管足場に使用する鋼管等）

第560条　事業者は、鋼管足場に使用する鋼管のうち、令別表第8第1号から第3号までに掲げる部材に係るもの以外のものについては、日本産業規格A 8951（鋼管足場）に定める単管足場用鋼管の規格（以下「単管足場用鋼管規格」という。）又は次に定めるところに適合するものでなければ、使用してはならない。

　1 　材質は、引張強さの値が370ニュートン毎平方ミリメートル以上であり、かつ、伸びが、次の表の上欄〈編注・左欄〉に掲げる引張強さの値に応じ、それぞれ同表の下欄〈編注・右欄〉に掲げる値となるものであること。

引張強さ（単位　ニュートン毎平方ミリメートル）	伸び（単位　パーセント）
370以上390未満	25以上
390以上500未満	20以上
500以上	10以上

　2 　肉厚は、外径の31分の1以上であること。

② 　事業者は、鋼管足場に使用する附属金具のうち、令別表第8第2号から第7号までに掲げる附属金具以外のものについては、その材質（衝撃を受けるおそれのない部分に使用する部品の材質を除く。）が、圧延鋼材、鍛鋼品又は鋳鋼品であるものでなければ、使用してはならない。

（構造）

第561条　事業者は、足場については、丈夫な構造のものでなければ、使用してはならない。

（本足場の使用）

第561条の2　事業者は、幅が1メートル以上の箇所において足場を使用するときは、本足場を使用しなければならない。ただし、つり足場を使用するとき、又は障害物の存在その他の足場を使用する場所の状況により本足場を使用することが困難なときは、この限りでない。

──── 解　説 ────

1　事業者は、幅が1メートル以上の箇所において足場を使用するときは、原則として本足場を使用しなければならない。なお、幅が1メートル未満の場合であっても、可能な限り本足場を使用することが望ましい。

2　「幅が1メートル以上の箇所」とは、足場を設ける床面において、当該足場を使用する建築物等の外面を起点としたはり間方向の水平距離が1メートル以上ある箇所をいうこと。足場設置のため確保した幅が1メートル以上の箇所について、その一部が公道にかかる場合、使用許可が得られない場合、その他当該箇所が注文者、施工業者等、工事関係者の管理の範囲外である場合等にあっては、「幅が1メートル以上の箇所」に含まれないこと。なお、事業者は、足場の使用に当たっては、可能な限り「幅が1メートル以上の箇所」を確保すべきものである。

3　「障害物の存在その他の足場を使用する場所の状況により本足場を使用することが困難なとき」とは、以下の場合をいう。

ア　足場を設ける箇所の全部又は一部に撤去が困難な障害物があり、建地を2本設置することが困難なとき。

イ　建築物等の外面の形状が複雑で、1メートル未満ごとに隅角部を設ける必要があるとき。

ウ　屋根等に足場を設けるとき等、足場を設ける床面に著しい傾斜、凹凸等があり、建地を2本設置することが困難なとき。

エ　本足場を使用することにより建築物等と足場の作業床との間隔が広くなり、墜落・転落災害のリスクが高まるとき。

4　足場を設ける箇所の一部に撤去が困難な障害物があるとき等において、建地の一部を1本とする場合にあっては、足場の動揺や倒壊等を防止するのに十分な強度を有する構造とする。

5　足場の使用に当たっては、建築物等と足場の作業床との間隔が30センチメートル以内とすることが望ましい。

（最大積載荷重）

第562条　事業者は、足場の構造及び材料に応じて、作業床の最大積載荷重を定め、かつ、これを超えて積載してはならない。

②　前項の作業床の最大積載荷重は、つり足場（ゴンドラのつり足場を除く。以下この節において同じ。）にあっては、つりワイヤロープ及びつり鋼線の安全係数が10以上、つり鎖及びつりフックの安全係数が5以上並びにつり鋼帯並びにつり足場の下部及び上部の支点の安全係数が鋼材にあっては2.5以上、木材にあっては5以上となるように、定めなければならない。

③　事業者は、第1項の最大積載荷重を労働者に周知させなければならない。

──── 解　説 ────

1　第1項の「作業床の最大積載荷重」とは、たとえば本足場における4本の建地で囲まれた一作業床に積載し得る最大荷重をいう。

2　最大積載荷重は、一作業床に載せる作業者または材料等の数量で定めてもよい。

（作業床）

第563条　事業者は、足場（一側足場を除く。第3号において同じ。）における高さ2メートル以上の作業場所には、次に定めるところにより、作業床を設けなければならない。

1　床材は、支点間隔及び作業時の荷重に応じて計算した曲げ応力の値が、次の表の上欄〈編注・左欄〉に掲げる木材の種類に応じ、それぞれ同表の下欄〈編注・右欄〉に掲げる許容曲げ応力の値を超えないこと。

木材の種類	許容曲げ応力 （単位　ニュートン毎平方 センチメートル）
あかまつ、くろまつ、からまつ、ひば、ひのき、つが、べいまつ又はべいひ	1,320
すぎ、もみ、えぞまつ、とどまつ、べいすぎ又はべいつが	1,030
かし	1,910
くり、なら、ぶな又はけやき	1,470
アピトン又はカポールをフエノール樹脂により接着した合板	1,620

2　つり足場の場合を除き、幅、床材間の隙間及び床材と建地との隙間は、次に定めるところによること。

イ　幅は、40センチメートル以上とすること。

ロ　床材間の隙間は、3センチメートル以下とすること。

ハ　床材と建地との隙間は、12センチメートル未満とすること。

3　墜落により労働者に危険を及ぼすおそれのある箇所には、次に掲げる足場の種類に応じて、それぞれ次に掲げる設備（丈夫な構造の設備であつて、たわみが生ずるおそれがなく、かつ、著しい損傷、変形又は腐食がないものに限る。以下「足場用墜落防止設備」という。）を設けること。

イ　わく組足場（妻面に係る部分を除く。ロにおいて同じ。）　次のいずれかの設備

(1)　交さ筋かい及び高さ15センチメートル以上40センチメートル以下の桟若しくは高さ15センチメートル以上の幅木又はこれらと同等以上の機能を有する設備

(2)　手すりわく

ロ　わく組足場以外の足場　手すり等及び中桟等

4　腕木、布、はり、脚立その他作業床の支持物は、これにかかる荷重によつて破壊するおそれのないものを使用すること。

5　つり足場の場合を除き、床材は、転位し、又は脱落しないように2以上の支持物に取り付けること。

6　作業のため物体が落下することにより、労働者に危険を及ぼすおそれのあるときは、高さ10センチメートル以上の幅木、メッシュシート若しくは防網又はこれらと同等以上の機能を有する設備（以下「幅木等」という。）を設けること。ただし、第3号の規定に基づき設けた設備が幅木等と同等以上の機能を有する場合又は作業の性質上幅木等を設けることが著しく困難な場合若しくは作業の必要上臨時に幅木等を取り外す場合において、立入区域を設定したときは、この限りでない。

②　前項第2号ハの規定は、次の各号のいずれかに該当する場合であつて、床材と建地との隙間が12センチメートル以上の箇所に防網を張る等墜落による労働者の危険を防止するための措置を講じたときは、適用しない。

1　はり間方向における建地と床材の両端との隙間の和が24センチメートル未満の場合

2　はり間方向における建地と床材の両端との隙間の和を24センチメートル未満とすることが作業の性質上困難な場合

③　第1項第3号の規定は、作業の性質上足場用墜落防止設備を設けることが著しく困難な場合

又は作業の必要上臨時に足場用墜落防止設備を取り外す場合において、次の措置を講じたときは、適用しない。

1　要求性能墜落制止用器具を安全に取り付けるための設備等を設け、かつ、労働者に要求性能墜落制止用器具を使用させる措置又はこれと同等以上の効果を有する措置を講ずること。

2　前号の措置を講ずる箇所には、関係労働者以外の労働者を立ち入らせないこと。

④　第1項第5号の規定は、次の各号のいずれかに該当するときは、適用しない。

1　幅が20センチメートル以上、厚さが3.5センチメートル以上、長さが3.6メートル以上の板を床材として用い、これを作業に応じて移動させる場合で、次の措置を講ずるとき。

イ　足場板は、3以上の支持物に掛け渡すこと。

ロ　足場板の支点からの突出部の長さは、10センチメートル以上とし、かつ、労働者が当該突出部に足を掛けるおそれのない場合を除き、足場板の長さの18分の1以下とすること。

ハ　足場板を長手方向に重ねるときは、支点の上で重ね、その重ねた部分の長さは、20センチメートル以上とすること。

2　幅が30センチメートル以上、厚さが6センチメートル以上、長さが4メートル以上の板を床材として用い、かつ、前号ロ及びハに定める措置を講ずるとき。

⑤　事業者は、第3項の規定により作業の必要上臨時に足場用墜落防止設備を取り外したときは、その必要がなくなつた後、直ちに当該設備を原状に復さなければならない。

⑥　労働者は、第3項の場合において、要求性能墜落制止用器具の使用を命じられたときは、これを使用しなければならない。

―― 解　説 ――

1　第1項の「足場（一側足場を除く。）における高さ2メートル以上の作業場所」とは、足場の構造上の高さに関係なく、地上または床上から作業場所までの高さが2メートル以上の場所をいう。

2　第1項第2号ハの「床材と建地との隙間」とは、建地の内法から床材の側面までの長さをいい、足場の軀体側および外側の床材と建地との隙間がそれぞれ12センチメートル未満である必要がある。なお、床材が片側に寄ることで12センチメートル以上の隙間が生じる場合には、床材と建地との隙間の要件を満たさないこととなるため、床材の組み合わせを工夫する、小幅の板材を敷く、床材がずれないように固定する、床付き幅木を設置する等により常に当該要件を満たすようにすること。

3　第1項第2号ハの規定は、床材と建地との隙間に、垂直または傾けて設置した幅木は、作業床としての機能を果たせないため、当該幅木の有無を考慮せずに、床材と建地との隙間を12センチメートル未満とする必要がある。なお、床付き幅木は、当該幅木の床面側の部材は床材である。

4　第1項第3号の「丈夫な構造の設備であつて、たわみが生ずるおそれがなく、かつ、著しい損傷、変形又は腐食がないものに限る」について

は、第552条の解説の1と同じ趣旨である。

5　第1項第3号イの「わく組足場（妻面に係る部分を除く。ロにおいて同じ。）」とは、わく組足場のうち、妻面を除いた部分を対象とする趣旨であり、わく組足場の妻面に係る部分については、「わく組足場以外の足場」として、同号ロに掲げる設備を設けること。

6　第1項第3号イ(1)の「高さ」とは、作業床から桟の上縁までの距離をいい、「桟」とは、労働者の墜落防止のために、交さ筋かいの下部の隙間に水平に設置される棒状の丈夫な部材をいう。

7　第1項第3号イ(1)および第6号の「幅木」とは、つま先板ともいい、物体の落下および足の踏みはずしを防止するために作業床の外縁に取り付ける木製または金属製の板をいう。

8　第1項第3号イ(1)の「これらと同等以上の機能を有する設備」には、次に掲げるものがあること。

ア　高さ15センチメートル以上の防音パネル（パネル状）

イ　高さ15センチメートル以上のネットフレーム（金網状）

ウ　高さ15センチメートル以上の金網

9　第1項第3号イ(2)の「手すりわく」とは、作業床から高さ85センチメートル以上の位置に設置

された手すりおよび作業床から高さ35センチメートル以上50センチメートル以下の位置等に水平、鉛直または斜めに設置された桟より構成されたわく状の丈夫な側面防護設備であって、十分な墜落防止の機能を有するものをいう。

10　第1項第3号ロの「手すり等」「中桟等」については、第552条第1項第4号イ・ロおよび同条の解説の2～4を参照。

11　第1項第6号の「メッシュシート」とは、足場等の外側構面に設け、物体が当該構面から落下することを防止するために用いる網状のシートをいい、作業床と垂直方向に設けるものである。また、「これらと同等以上の機能を有する設備」には、次に掲げるものがあること。

　　ア　高さ10センチメートル以上の防音パネル（パネル状）

　　イ　高さ10センチメートル以上のネットフレーム（金網状）

　　ウ　高さ10センチメートル以上の金網

12　第1項第6号のただし書の場合において、作業の必要上臨時に幅木等を取りはずしたときは、当該作業の終了後直ちに元の状態に戻しておかなければならない。

13　第2項の「防網を張る等」の「等」には、十分な高さがある幅木を傾けて設置する場合および

構造物に近接している場合等防網を設置しなくても、人が墜落する隙間がない場合を含む。

14　第3項第1号の「要求性能墜落制止用器具」および「要求性能墜落制止用器具を安全に取り付けるための設備等」の「等」については、第552条の解説の5と同じ趣旨である。また、要求性能墜落制止用器具およびその取付け設備等の随時点検についても、同解説を参照。

15　第3項第1号の「これと同等以上の効果を有する措置」には、墜落するおそれのある箇所に防網を張ることが含まれる。

16　第3項第2号の「関係労働者」には、足場用墜落防止設備を設けることが著しく困難な箇所または作業の必要上臨時に取り外す箇所において作業を行う者および作業を指揮する者が含まれる。

17　第4項第1号の「作業に応じて移動させる場合」とは、塗装、鋲打、はつり等の作業で、労働者が足場板を占用し、かつ、作業箇所に応じて、ひん繁に足場板を移動させる場合をいう。

18　第4項第1号ロの「突出部に足を掛けるおそれのない場合」とは、突出部が、さく、手すり等の外側にあって、労働者が無意識にも突出部に足を掛けるおそれのない場合をいう。

令和6年4月30日厚生労働省令第80号の改正により、令和7年4月1日より第563条第3項第2号が以下のとおりとなる。
2　前号の措置を講ずる箇所に作業に関係する者以外の者が立ち入ることについて、禁止する旨を見やすい箇所に表示することその他の方法により禁止すること。

第2款　足場の組立て等における危険の防止

（足場の組立て等の作業）

第564条　事業者は、つり足場、張出し足場又は高さが2メートル以上の構造の足場の組立て、解体又は変更の作業を行うときは、次の措置を講じなければならない。

1　組立て、解体又は変更の時期、範囲及び順序を当該作業に従事する労働者に周知させること。

2　組立て、解体又は変更の作業を行う区域内には、関係労働者以外の労働者の立入りを禁止すること。

3　強風、大雨、大雪等の悪天候のため、作業の実施について危険が予想されるときは、作業を中止すること。

4　足場材の緊結、取り外し、受渡し等の作業にあつては、墜落による労働者の危険を防止するため、次の措置を講ずること。

　イ　幅40センチメートル以上の作業床を設けること。ただし、当該作業床を設けることが困難なときは、この限りでない。

　ロ　要求性能墜落制止用器具を安全に取り付けるための設備等を設け、かつ、労働者に要求

性能墜落制止用器具を使用させる措置を講ずること。ただし、当該措置と同等以上の効果を有する措置を講じたときは、この限りでない。

　5　材料、器具、工具等を上げ、又は下ろすときは、つり綱、つり袋等を労働者に使用させること。ただし、これらの物の落下により労働者に危険を及ぼすおそれがないときは、この限りでない。

②　労働者は、前項第4号に規定する作業を行う場合において要求性能墜落制止用器具の使用を命ぜられたときは、これを使用しなければならない。

--- 解　説 ---

1　第1項の「高さが2メートル以上の構造の足場」でいう足場の構造の高さは、
　①　作業床が足場の最上層に設置されている場合には、基底部から最上層の作業床までの高さ
　②　作業床が足場の最上層に設置されていない場合には、基底部から、
　　ア　わく組足場では、最上部の建わくの上端までの高さ
　　イ　単管足場等支柱式の足場では、最上部の水平材（布材等の主要部材）までの高さ
　をいう。
2　第1項第1号の労働者に周知させる時期、範囲および順序は、概要で差しつかえない。
3　第1項第3号の「強風、大雨、大雪等の悪天候のため」については、第522条の解説の2と同じ趣旨である。
4　第1項第4号イの「当該作業床を設けることが困難なとき」には、狭小な場所や昇降設備を設ける箇所に幅40センチメートル未満の作業床を設けるとき、つり足場の組立て等の作業において幅20センチメートル以上の足場板2枚を交互に移動させながら作業を行うときが含まれる。
5　第1項第4号ロの「要求性能墜落制止用器具を安全に取り付けるための設備」とは、要求性能墜落制止用器具を適切に着用した労働者が墜落しても、要求性能墜落制止用器具を取り付けた設備が脱落することがなく、衝突面等に達することを防ぎ、かつ、使用する要求性能墜落制止用器具の性能に応じて適当な位置に要求性能墜落制止用器具を取り付けることができるものであること。また、「要求性能墜落制止用器具を安全に取り付けるための設備」には、このような要件を満たすように設計され、当該要件を満たすように設置した手すり、手すりわくおよび親綱が含まれること。なお、要求性能墜落制止用器具を安全に取り付けるための設備を設ける場合には、足場の一方の側面のみであっても、手すりを設ける等労働者が墜落する危険を低減させるための措置を優先的に講ずるよう指導すること。
6　第1項第4号ロの「要求性能墜落制止用器具を安全に取り付けるための設備等」の「等」については、第552条の解説の5と同じ趣旨である。また、「同等以上の効果を有する措置」には、つり足場を設置する際に、予め、墜落による危険を防止するためのネットの構造等の安全基準に関する技術上の指針（昭和51年技術上の指針公示第8号）により設置した防網を設置することを含む。
7　第1項第5号の「つり綱」および「つり袋」は、特につり上げおよびつり下げのためにつくられた特定のものに限る趣旨ではないこと。

第Ⅳ編　関係法令

令和6年4月30日厚生労働省令第80号の改正により、令和7年4月1日より第564条第1項第2号が以下のとおりとなる。
　2　組立て、解体又は変更の作業を行う区域内に当該作業に関係する者以外の者が立ち入ることについて、禁止する旨を見やすい箇所に表示することその他の方法により禁止すること。

（足場の組立て等作業主任者の選任）
第565条　事業者は、令第6条第15号の作業については、足場の組立て等作業主任者技能講習を修了した者のうちから、足場の組立て等作業主任者を選任しなければならない。
（足場の組立て等作業主任者の職務）
第566条　事業者は、足場の組立て等作業主任者に、次の事項を行わせなければならない。ただし、解体の作業のときは、第1号の規定は、適用しない。

1 　材料の欠点の有無を点検し、不良品を取り除くこと。
2 　器具、工具、要求性能墜落制止用器具及び保護帽の機能を点検し、不良品を取り除くこと。
3 　作業の方法及び労働者の配置を決定し、作業の進行状況を監視すること。
4 　要求性能墜落制止用器具及び保護帽の使用状況を監視すること。

解　説

1 　第2号の「要求性能墜落制止用器具」の機能の点検とは、ランヤードの損傷の有無、径および長さの適否、ランヤードとベルトとの取付部の状態および取付金具類の損傷の有無等についての点検をいう。

2 　第2号の「保護帽」の機能の点検とは、緩衝網の調節の適否、帽体の損傷の有無、あごひもの有無等についての点検をいう。

（点検）
第567条 　事業者は、足場（つり足場を除く。）における作業を行うときは、点検者を指名して、その日の作業を開始する前に、作業を行う箇所に設けた足場用墜落防止設備の取り外し及び脱落の有無について点検させ、異常を認めたときは、直ちに補修しなければならない。

② 　事業者は、強風、大雨、大雪等の悪天候若しくは中震以上の地震又は足場の組立て、一部解体若しくは変更の後において、足場における作業を行うときは、点検者を指名して、作業を開始する前に、次の事項について、点検させ、異常を認めたときは、直ちに補修しなければならない。
1 　床材の損傷、取付け及び掛渡しの状態
2 　建地、布、腕木等の緊結部、接続部及び取付部の緩みの状態
3 　緊結材及び緊結金具の損傷及び腐食の状態
4 　足場用墜落防止設備の取り外し及び脱落の有無
5 　幅木等の取付状態及び取り外しの有無
6 　脚部の沈下及び滑動の状態
7 　筋かい、控え、壁つなぎ等の補強材の取付状態及び取り外しの有無
8 　建地、布及び腕木の損傷の有無
9 　突りようとつり索との取付部の状態及びつり装置の歯止めの機能

③ 　事業者は、前項の点検を行つたときは、次の事項を記録し、足場を使用する作業を行う仕事が終了するまでの間、これを保存しなければならない。
1 　当該点検の結果及び点検者の氏名
2 　前号の結果に基づいて補修等の措置を講じた場合にあつては、当該措置の内容

解　説

1 　第1項および第2項に規定する点検者の指名の方法は、書面で伝達する方法のほか、朝礼等に際し口頭で伝達する方法 、メール、電話等で伝達する方法、あらかじめ点検者の指名順を決めてその順番を伝達する方法等が含まれる。なお、点検者の指名は、点検者自らが点検者であるという認識を持ち、責任を持って点検ができる方法で行う。
2 　第2項の「強風」「大雨」「大雪」については、第522条の解説の1と同じ趣旨である。

3 　中震以上の地震とは、震度階級4以上の地震をいう。
4 　第567条第2項に規定する点検者については、足場の組立て等作業主任者であって、足場の組立て等作業主任者能力向上教育を受講した者等、「足場からの墜落・転落災害防止総合対策推進要綱」令和5年3月1 4日基安発0314第2号。以下「推進要綱」という。）別添の3(2)に示す一定の能力を有する者を指名することが望ましい。
5 　足場の点検に当たっては、推進要綱別添に示す

「足場等の種類別点検チェックリスト」を活用することが望ましい。

6　第3項の「足場を使用する作業を行う仕事が終了するまでの間」とは、それぞれの事業者が請け負った仕事を終了するまでの間であって、元方事業者にあっては、当該事業場におけるすべての工事が終了するまでの間をいう。

7　足場の点検後の記録および保存に当たっては、推進要綱別添に示す「足場等の種類別点検チェックリスト」を活用することが望ましい。

（つり足場の点検）

第568条　事業者は、つり足場における作業を行うときは、点検者を指名して、その日の作業を開始する前に、前条第2項第1号から第5号まで、第7号及び第9号に掲げる事項について、点検させ、異常を認めたときは、直ちに補修しなければならない。

───────────── 解　　説 ─────────────

1　点検者の指名の方法については、第567条の解説の1と同じ趣旨である。
2　足場の点検に当たっては、第567条の解説の5と同じ趣旨である。

第3款　丸太足場

〈丸太足場〉

第569条　事業者は、丸太足場については、次に定めるところに適合したものでなければ使用してはならない。

1　建地の間隔は、2.5メートル以下とし、地上第一の布は、3メートル以下の位置に設けること。

2　建地の脚部には、その滑動又は沈下を防止するため、建地の根本を埋め込み、根がらみを設け、皿板を使用する等の措置を講ずること。

3　建地の継手が重合せ継手の場合には、接続部において、1メートル以上を重ねて2箇所以上において縛り、建地の継手が突合せ継手の場合には、2本組の建地とし、又は1.8メートル以上の添木を用いて4箇所以上において縛ること。

4　建地、布、腕木等の接続部及び交差部は、鉄線その他の丈夫な材料で堅固に縛ること。

5　筋かいで補強すること。

6　一側足場、本足場又は張出し足場であるものにあつては、次に定めるところにより、壁つなぎ又は控えを設けること。

イ　間隔は、垂直方向にあつては5.5メートル以下、水平方向にあつては7.5メートル以下とすること。

ロ　鋼管、丸太等の材料を用いて堅固なものとすること。

ハ　引張材と圧縮材とで構成されているものであるときは、引張材と圧縮材との間隔は、1メートル以内とすること。

②　前項第1号の規定は、作業の必要上同号の規定により難い部分がある場合において、なべつり、2本組等により当該部分を補強したときは、適用しない。

③　第1項第6号の規定は、窓枠の取付け、壁面の仕上げ等の作業のため壁つなぎ又は控えを取り外す場合その他作業の必要上やむを得ない場合において、当該壁つなぎ又は控えに代えて、建地又は布に斜材を設ける等当該足場の倒壊を防止するための措置を講ずるときは、適用しない。

第4款　鋼管足場

（鋼管足場）

第570条　事業者は、鋼管足場については、次に定めるところに適合したものでなければ使用してはならない。

1　足場（脚輪を取り付けた移動式足場を除く。）の脚部には、足場の滑動又は沈下を防止するため、ベース金具を用い、かつ、敷板、敷角等を用い、根がらみを設ける等の措置を講ずること。

2　脚輪を取り付けた移動式足場にあつては、不意に移動することを防止するため、ブレーキ、歯止め等で脚輪を確実に固定させ、足場の一部を堅固な建設物に固定させる等の措置を講ずること。

3　鋼管の接続部又は交差部は、これに適合した附属金具を用いて、確実に接続し、又は緊結すること。

4　筋かいで補強すること。

5　一側足場、本足場又は張出し足場であるものにあつては、次に定めるところにより、壁つなぎ又は控えを設けること。

イ　間隔は、次の表の上欄〈編注・左欄〉に掲げる鋼管足場の種類に応じ、それぞれ同表の下欄〈編注・右欄〉に掲げる値以下とすること。

鋼管足場の種類	間隔（単位　メートル）	
	垂直方向	水平方向
単管足場	5	5.5
わく組足場（高さが5メートル未満のものを除く。）	9	8

ロ　鋼管、丸太等の材料を用いて、堅固なものとすること。

ハ　引張材と圧縮材とで構成されているものであるときは、引張材と圧縮材との間隔は、1メートル以内とすること。

6　架空電路に近接して足場を設けるときは、架空電路を移設し、架空電路に絶縁用防護具を装着する等架空電路との接触を防止するための措置を講ずること。

②　前条第3項の規定は、前項第5号の規定の適用について、準用する。この場合において、前条第3項中「第1項第6号」とあるのは、「第570条第1項第5号」と読み替えるものとする。

（令別表第8第1号に掲げる部材等を用いる鋼管足場）

第571条　事業者は、令別表第8第1号に掲げる部材又は単管足場用鋼管規格に適合する鋼管を用いて構成される鋼管足場については、前条第1項に定めるところによるほか、単管足場にあつては第1号から第4号まで、わく組足場にあつては第5号から第7号までに定めるところに適合したものでなければ使用してはならない。

1　建地の間隔は、けた行方向を1.85メートル以下、はり間方向は1.5メートル以下とすること。

2　地上第一の布は、2メートル以下の位置に設けること。

3　建地の最高部から測つて31メートルを超える部分の建地は、鋼管を2本組とすること。ただし、建地の下端に作用する設計荷重（足場の重量に相当する荷重に、作業床の最大積載

─── 解　説 ───

1　第1項第1号の「敷板、敷角等」とは、数本の建地またはわく組の脚部にわたり、ベース金具と地盤等との間に敷く長い板、角材等をいい、根がらみと皿板との効果を兼ねたものをいう。

2　第1項第2号の「脚輪を取り付けた移動式足場」とは、単管足場またはわく組足場の脚部に車を取り付けたもので、工事の終了後に解体するものをいう。

3　第1項第6号は、足場と電路とが接触して、足場に電流が通ずることを防止することとしたものであって、足場上の労働者が架空電路に接触することによる感電防止の措置については、第349条の規定によること。

4　第1項第6号の「架空電路」とは、送電線、配電線等空中に架設された電線のみでなく、これらに接続している変圧器、しゃ断器等の電気機器類の露出充電部をも含めたものをいい、「架空電路に近接」するとは、電路と足場との距離が上下左右いずれの方向においても、電路の電圧に対して、それぞれ次表の離隔距離以内にある場合をい

う。従って、同号の「電路を移設」とは、この離隔距離以上に離すことをいう。また、同号の「絶縁用防護具」とは、第349条に規定するものと同じものであり、「装着する等」の「等」には、架空電路と鋼管との接触を防止するための囲いを設けることのほか、足場側に防護壁を設けること等が含まれる。

電路の電圧	離隔距離
特別高圧	2メートル。ただし、60,000ボルト以上は10,000ボルトまたはその端数を増すごとに20センチメートル増し。
高　　圧	1.2メートル
低　　圧	1メートル

5　送電を中止している架空電路、絶縁の完全な電線もしくは電気機器または電圧の低い電路は、接触通電のおそれが少ないものであるが、万一の場合を考慮して接触防止の措置を講ずるよう指導すること。

荷重を加えた荷重をいう。）が当該建地の最大使用荷重（当該建地の破壊に至る荷重の2分の1以下の荷重をいう。）を超えないときは、この限りでない。

4　建地間の積載荷重は、400キログラムを限度とすること。

5　最上層及び5層以内ごとに水平材を設けること。

6　はりわく及び持送りわくは、水平筋かいその他によつて横振れを防止する措置を講ずること。

7　高さ20メートルを超えるとき及び重量物の積載を伴う作業を行うときは、使用する主わくは、高さ2メートル以下のものとし、かつ、主わく間の間隔は1.85メートル以下とすること。

②　前項第1号又は第4号の規定は、作業の必要上これらの規定により難い場合において、各支点間を単純ばりとして計算した最大曲げモーメントの値に関し、事業者が次条に定める措置を講じたときは、適用しない。

③　第1項第2号の規定は、作業の必要上同号の規定により難い部分がある場合において、2本組等により当該部分を補強したときは、適用しない。

─── 解　説 ───

1　第1項柱書は、令別表第8第1号に掲げる鋼管足場用の部材を用いて構成される鋼管足場についても安衛則第571条に定める要件を満たす必要があることを明確化したものである。

2　単管足場とは、現場で鋼管を継手金具および緊結金具を使用して丸太足場と類似の構造に組む足場をいい、わく組足場とは、あらかじめ鋼管を主材として一定の形に製作したわくを、現場において特殊な附属金具や付属品を使用して組み立てる足場をいう。

3　第1項第1号の「けた行方向」とは、足場の布を取り付けた方向をいい、同号の「はり間方向」とは、腕木を取り付けた方向をいう。

4　第1項第3号の「足場の重量に相当する荷重」には、足場に設けられる朝顔、メッシュシート等の重量に相当する荷重を含む。

5　第1項第4号の「建地間の積載荷重」とは、相隣れる4本の建地に囲まれた一作業床に積載し得る荷重をいう。

6　第1項第5号の「5層以内」とは、作業床の有無に関係なく、垂直方向に継いだわく1段を1層とし、5段以内をいう。

7　第1項第7号の「重量物の積載を伴う作業」とは、石材、コンクリートブロック等の取りつけ、組積等の作業のごとく、一時的に、比重の大きな材料を足場上の作業箇所の近くに積載する作業をいう。

（令別表第8第1号から第3号までに掲げる部材以外の部材等を用いる鋼管足場）

第572条　事業者は、令別表第8第1号から第3号までに掲げる部材以外の部材又は単管足場用鋼管規格に適合する鋼管以外の鋼管を用いて構成される鋼管足場については、第570条第1項に定めるところによるほか、各支点間を単純ばりとして計算した最大曲げモーメントの値が、鋼管の断面係数に、鋼管の材料の降伏強さの値（降伏強さの値が明らかでないものについては、引張強さの値の2分の1の値）の1.5分の1及び次の表の上欄〈編注・左欄〉に掲げる鋼管の肉厚と外径との比に応じ、それぞれ同表の下欄〈編注・右欄〉に掲げる係数を乗じて得た値（継手のある場合には、この値の4分の3）以下のものでなければ使用してはならない。

鋼管の肉厚と外径との比	係数
肉厚が外径の14分の1以上	1
肉厚が外径の20分の1以上14分の1未満	0.9
肉厚が外径の31分の1以上20分の1未満	0.8

（鋼管の強度の識別）

第573条　事業者は、外径及び肉厚が同一であり、又は近似している鋼管で、強度が異なるものを同一事業場で使用するときは、鋼管の混用による労働者の危険を防止するため、鋼管に色又は記号を付する等の方法により、鋼管の強度を識別することができる措置を講じなければならない。

②　前項の措置は、色を付する方法のみによるものであつてはならない。

第5款　つり足場

（つり足場）

第574条　事業者は、つり足場については、次に定めるところに適合したものでなければ使用してはならない。

1　つりワイヤロープは、次のいずれかに該当するものを使用しないこと。

イ　ワイヤロープ1よりの間において素線（フイラ線を除く。以下この号において同じ。）の数の10パーセント以上の素線が切断しているもの

ロ　直径の減少が公称径の7パーセントを超えるもの

ハ　キンクしたもの

　　ニ　著しい形崩れ又は腐食があるもの

2　つり鎖は、次のいずれかに該当するものを使用しないこと。

　イ　伸びが、当該つり鎖が製造されたときの長さの5パーセントを超えるもの

　ロ　リンクの断面の直径の減少が、当該つり鎖が製造されたときの当該リンクの断面の直径
　　の10パーセントを超えるもの

　ハ　亀裂があるもの

3　つり鋼線及びつり鋼帯は、著しい損傷、変形又は腐食のあるものを使用しないこと。

4　つり繊維索は、次のいずれかに該当するものを使用しないこと。

　イ　ストランドが切断しているもの

　ロ　著しい損傷又は腐食があるもの

5　つりワイヤロープ、つり鎖、つり鋼線、つり鋼帯又はつり繊維索は、その一端を足場桁、
　　スターラップ等に、他端を突りよう、アンカーボルト、建築物のはり等にそれぞれ確実に取
　　り付けること。

6　作業床は、幅を40センチメートル以上とし、かつ、隙間がないようにすること。

7　床材は、転位し、又は脱落しないように、足場桁、スターラップ等に取り付けること。

8　足場桁、スターラップ、作業床等に控えを設ける等動揺又は転位を防止するための措置を
　　講ずること。

9　棚足場であるものにあつては、桁の接続部及び交差部は、鉄線、継手金具又は緊結金具を
　　用いて、確実に接続し、又は緊結すること。

②　前項第6号の規定は、作業床の下方又は側方に網又はシートを設ける等墜落又は物体の落下
　による労働者の危険を防止するための措置を講ずるときは、適用しない。

解　　説

　第1項第5号の「スターラップ」とは、つり足場
の作業床を支持する金具であって、通常次図に示す
ような形状のものをいう。

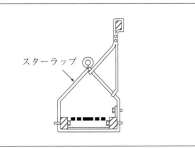

スターラップ

（作業禁止）

第575条　事業者は、つり足場の上で、脚立、はしご等を用いて労働者に作業させてはならない。

第4編　特別規制

第1章　特定元方事業者等に関する特別規制

（足場についての措置）

第655条　注文者は、法第31条第1項 の場合において、請負人の労働者に、足場を使用させ

るときは、当該足場について、次の措置を講じなければならない。

1　構造及び材料に応じて、作業床の最大積載荷重を定め、かつ、これを足場の見やすい場所に表示すること。

2　強風、大雨、大雪等の悪天候若しくは中震以上の地震又は足場の組立て、一部解体若しくは変更の後においては、点検者を指名して、足場における作業を開始する前に、次の事項について点検させ、危険のおそれがあるときは、速やかに修理すること。

　イ　床材の損傷、取付け及び掛渡しの状態

　ロ　建地、布、腕木等の緊結部、接続部及び取付部の緩みの状態

　ハ　緊結材及び緊結金具の損傷及び腐食の状態

　ニ　足場用墜落防止設備の取り外し及び脱落の有無

　ホ　幅木等の取付状態及び取り外しの有無

　ヘ　脚部の沈下及び滑動の状態

　ト　筋かい、控え、壁つなぎ等の補強材の取付けの状態

　チ　建地、布及び腕木の損傷の有無

　リ　突りようとつり索との取付部の状態及びつり装置の歯止めの機能

3　前二号に定めるもののほか、法第42条 の規定に基づき厚生労働大臣が定める規格及び第2編第10章第2節（第559条から第561条まで、第562条第2項、第563条、第569条から第572条まで及び第574条に限る。）に規定する足場の基準に適合するものとすること。

②　注文者は、前項第2号の点検を行つたときは、次の事項を記録し、足場を使用する作業を行う仕事が終了するまでの間、これを保存しなければならない。

1　当該点検の結果及び点検者の氏名

2　前号の結果に基づいて修理等の措置を講じた場合にあつては、当該措置の内容

解　説

1　第1項第2号の「一部解体若しくは変更」には、建わく、建地、交さ筋かい、布等の足場の構造部材の一時的な取外しもしくは取付けのほか、足場の構造に大きな影響を及ぼすメッシュシート、朝顔等の一時的な取外しもしくは取付けが含まれる。ただし、次のいずれかに該当するときは、「一部解体若しくは変更」に含まれない。

①　作業の必要上臨時に足場用墜落防止設備（足場の構造部材である場合を含む。）を取り外す場合または当該設備を原状に復する場合には、局所的に行われ、これにより足場の構造に大きな影響がないことが明らかであって、足場の部材の上げ下ろしが伴わないとき。

②　足場の構造部材ではないが、足場の構造に大きな影響を及ぼすメッシュシート等の設備を取

り外す場合または当該設備を原状に復する場合であって、足場の部材の上げ下ろしが伴わないとき。

2　第655条第1項に規定する点検者については、足場の組立て等作業主任者であって、足場の組立て等作業主任者能力向上教育を受講した者等、推進要綱別添の3（2）に示す一定の能力を有する者を指名することが望ましい。

3　第2項の「足場を使用する作業を行う仕事が終了するまでの間」とは、注文者（元方事業者）が請け負ったすべての仕事が終了するまでの間をいう。

4　足場の点検後の記録および保存に当たっては、推進要綱別添に示す「足場等の種類別点検チェックリスト」を活用することが望ましい。

第**5**章 | 労働基準法（抄）
（年少者・女性の就業制限関係）

昭和 22 年 4 月 7 日法律第 49 号
最終改正：令和 4 年 6 月 17 日法律第 68 号

年少者労働基準規則（抄）
昭和 29 年 6 月 19 日労働省令第 13 号
最終改正：令和 2 年 12 月 22 日厚生労働省令第 203 号

女性労働基準規則（抄）
昭和 61 年 1 月 27 日労働省令第 3 号
最終改正：令和元年 5 月 7 日厚生労働省令第 1 号

第6章 年少者

（危険有害業務の就業制限）

第62条 使用者は、満 18 才に満たない者に、運転中の機械若しくは動力伝導装置の危険な部分の掃除、注油、検査若しくは修繕をさせ、運転中の機械若しくは動力伝導装置にベルト若しくはロープの取付け若しくは取りはずしをさせ、動力によるクレーンの運転をさせ、その他厚生労働省令で定める危険な業務に就かせ、又は厚生労働省令で定める重量物を取り扱う業務に就かせてはならない。

② 使用者は、満 18 才に満たない者を、毒劇薬、毒劇物その他有害な原料若しくは材料又は爆発性、発火性若しくは引火性の原料若しくは材料を取り扱う業務、著しくじんあい若しくは粉末を飛散し、若しくは有毒ガス若しくは有害放射線を発散する場所又は高温若しくは高圧の場所における業務その他安全、衛生又は福祉に有害な場所における業務に就かせてはならない。

③ 前項に規定する業務の範囲は、厚生労働省令で定める。

年少者労働基準規則

（年少者の就業制限の業務の範囲）

第8条 法第 62 条第 1 項の厚生労働省令で定める危険な業務及び同条第 2 項の規定により満 18 歳に満たない者を就かせてはならない業務は、次の各号に掲げるものとする。ただし、第 41 号に掲げる業務は、保健師助産師看護師法（昭和 23 年法律第 203 号）により、免許を受けた者及び同法による保健師、助産師、看護師又は准看護師の養成中の者については、この限りでない。

第 1 号〜第 23 号 略

24 高さが 5 メートル以上の場所で、墜落により労働者が危害を受けるおそれのあるところにおける業務

25 足場の組立、解体又は変更の業務（地上又は床上における補助作業の業務を除く。）

第 26 号〜第 46 号 略

第5章

第6章の2　妊産婦等

（危険有害業務の就業制限）

第64条の3　使用者は、妊娠中の女性及び産後1年を経過しない女性（以下「妊産婦」という。）を、重量物を取り扱う業務、有害ガスを発散する場所における業務その他妊産婦の妊娠、出産、哺育等に有害な業務に就かせてはならない。

②　前項の規定は、同項に規定する業務のうち女性の妊娠又は出産に係る機能に有害である業務につき、厚生労働省令で、妊産婦以外の女性に関して、準用することができる。

③　前二項に規定する業務の範囲及びこれらの規定によりこれらの業務に就かせてはならない者の範囲は、厚生労働省令で定める。

女性労働基準規則

（危険有害業務の就業制限の範囲等）

第2条　法第64条の3第1項の規定により妊娠中の女性を就かせてはならない業務は、次のとおりとする。

　第1号～第13号　略

　14　高さが5メートル以上の場所で、墜落により労働者が危害を受けるおそれのあるところにおける業務

　15　足場の組立て、解体又は変更の業務（地上又は床上における補助作業の業務を除く。）

　第16号～第24号　略

②　法第64条の3第1項の規定により産後1年を経過しない女性を就かせてはならない業務は、前項第1号から第12号まで及び第15号から第24号までに掲げる業務とする。ただし、同項第2号から第12号まで、第15号から第17号まで及び第19号から第23号までに掲げる業務については、産後1年を経過しない女性が当該業務に従事しない旨を使用者に申し出た場合に限る。

安全衛生特別教育規程 (抄)

昭和 47 年 9 月 30 日労働省告示第 92 号

最終改正：令和 5 年 3 月 28 日厚生労働省告示第 104 号

（足場の組立て等の業務に係る特別教育）

第 22 条　安衛則第 36 条第 39 号に掲げる業務に係る特別教育は、学科教育により行うものとする。

②　前項の学科教育は、次の表の上欄〈編注・左欄〉に掲げる科目に応じ、それぞれ、同表の中欄に掲げる範囲について同表の下欄〈編注・右欄〉に掲げる時間以上行うものとする。

科目	範囲	時間
足場及び作業の方法に関する知識	足場の種類、材料、構造及び組立図　足場の組立て、解体及び変更の作業の方法　点検及び補修　登り桟橋、朝顔等の構造並びにこれらの組立て、解体及び変更の作業の方法	3 時間
工事用設備、機械、器具、作業環境等に関する知識	工事用設備及び機械の取扱い　器具及び工具　悪天候時における作業の方法	0.5 時間
労働災害の防止に関する知識	墜落防止のための設備　落下物による危険防止のための措置　保護具の使用方法及び保守点検の方法　感電防止のための措置　その他作業に伴う災害及びその防止方法	1.5 時間
関係法令	法、令及び安衛則中の関係条項	1 時間

―― 解　説 ――

次の各号に掲げる者は、特別教育の科目の全部について省略することができること。

①　足場の組立て等作業主任者技能講習を修了した者

②　建築施工系とび科の訓練（普通職業訓練）を修了した者、居住システム系建築科又は居住システム系環境科の訓練（高度職業訓練）を修了した者

等足場の組立て等作業主任者技能講習規程（昭和47 年労働省告示第 109 号）第 1 条各号に掲げる者

③　とびに係る 1 級又は 2 級の技能検定に合格した者

④　とび科の職業訓練指導員免許を受けた者

付　録

参　考　資　料

墜落制止用器具の安全な使用に関するガイドライン

平成 30 年 6 月 22 日基発 0622 第 2 号

第 1 趣旨

高さ 2 メートル以上の箇所で作業を行う場合には、作業床を設け、その作業床の端や開口部等には囲い、手すり、覆い等を設けて墜落自体を防止することが原則であるが、こうした措置が困難なときは、労働者に安全帯を使用させる等の措置を講ずることが事業者に義務付けられている。

今般、墜落による労働災害の防止を図るため、平成 30 年 6 月 8 日に労働安全衛生法施行令（昭和 47 年政令第 318 号。以下「安衛令」という。）第 13 条第 3 項第 28 号の「安全帯（墜落による危険を防止するためのものに限る。）」を「墜落制止用器具」と改めた上で、平成 30 年 6 月 19 日に労働安全衛生規則（昭和 47 年労働省令第 32 号。以下「安衛則」という。）等及び安全衛生特別教育規程（昭和 47 年労働省告示第 92 号）における墜落・転落による労働災害を防止するための措置及び特別教育の追加について所要の改正が行われ、平成 31 年 2 月 1 日から施行される。

本ガイドラインはこれらの改正された安衛令等と相まって、墜落制止用器具の適切な使用による一層の安全対策の推進を図るため、改正安衛令等に規定された事項のほか、事業者が実施すべき事項、並びに労働安全衛生法（昭和 47 年法律第 57 号。以下「安衛法」という。）及び関係法令において規定されている事項のうち、重要なものを一体的に示すことを目的とし、制定したものである。

事業者は、本ガイドラインに記載された事項を的確に実施することに加え、より現場の実態に即した安全対策を講ずるよう努めるものとする。

第 2 適用範囲

本ガイドラインは、安衛令第 13 条第 3 項第 28 号に規定される墜落制止用器具を使用して行う作業について適用する。

第 3 用語

1 墜落制止用器具を構成する部品等

(1) フルハーネス型墜落制止用器具

墜落を制止する際に身体の荷重を肩、腰部及び腿等複数箇所において支持する構造の部品で構成される墜落制止用器具をいう。

(2) 胴ベルト型墜落制止用器具

身体の腰部に着用する帯状の部品で構成される墜落制止用器具をいう。

(3) ランヤード

フルハーネス又は胴ベルトと親綱その他の取付設備（墜落制止用器具を安全に取り付けるための設備をいう。）等とを接続するためのロープ又はストラップ（以下「ランヤードのロープ等」という。）及びコネクタ等からなる器具をいう。ショックアブソーバ又は巻取り器を接続する場合は、当該ショックアブソーバ等を含む。

(4) コネクタ

フルハーネス、胴ベルト、ランヤード又は取付設備等を相互に接続するための器具をいう。

(5) フック

コネクタの一種であり、ランヤードの構成部品の一つ。ランヤードを取付設備又は胴ベルト若しくはフルハーネスに接続された環に接続するためのかぎ形の器具をいう。

(6) カラビナ

　コネクタの一種であり、ランヤードの構成部品の一つ。ランヤードを取付設備又は胴ベルト若しくはフルハーネスに接続された環に接続するための環状の器具をいう。

(7) ショックアブソーバ

　墜落を制止するときに生ずる衝撃を緩和するための器具をいう。第一種ショックアブソーバは自由落下距離 1.8 メートルで墜落を制止したときの衝撃荷重が 4.0 キロニュートン以下であるものをいい、第二種ショックアブソーバは自由落下距離 4.0 メートルで墜落を制止したときの衝撃荷重が 6.0 キロニュートン以下であるものをいう。

(8) 巻取り器

　ランヤードのストラップを巻き取るための器具をいう。墜落を制止するときにランヤードの繰り出しを瞬時に停止するロック機能を有するものがある。

(9) 補助ロープ

　移動時において、主となるランヤードを掛け替える前に移動先の取付設備に掛けることによって、絶えず労働者が取付設備と接続された状態を維持するための短いロープ又はストラップ（以下「ロープ等」という。）をいう。

(10) 自由落下距離

　作業者がフルハーネス又は胴ベルトを着用する場合における当該フルハーネス又は胴ベルトにランヤードを接続する部分の高さからフック又はカラビナ（以下「フック等」という。）の取付設備等の高さを減じたものにランヤードの長さを加えたものをいう（図1及び図2のA）。

(11) 落下距離

　作業者の墜落を制止するときに生ずるランヤード及びフルハーネス若しくは胴ベルトの伸び等に自由落下距離を加えたものをいう（図1及び図2のB）。

2　ワークポジショニング作業関連

(1) ワークポジショニング作業

　ロープ等の張力により、U字つり状態などで作業者の身体を保持して行う作業をいう。

(2) ワークポジショニング用ロープ

　取付設備に回しがけするロープ等で、伸縮調節器を用いて調整したロープ等の張力によってU字つり状態で身体の作業位置を保持するためのものをいう。

(3) 伸縮調節器

　ワークポジショニング用ロープの構成部品の一つ。ロープの長さを調節するための器具をいう。

(4) 移動ロープ

　送電線用鉄塔での建設工事等で使用される、鉄塔に上部が固定され垂らされたロープをいう。

3　その他関連器具

(1) 垂直親綱

　鉛直方向に設置するロープ等による取付設備をいう。

(2) 水平親綱

　水平方向に設置するロープ等による取付設備をいう。

第4　墜落制止用器具の選定

1　基本的な考え方

(1) 墜落制止用器具は、フルハーネス型を原則とすること。ただし、墜落時にフルハーネス型の墜落制止用器具を着用する者が地面に到達するおそれのある場合は、胴ベルト型の使用が認められること。

(2) 適切な墜落制止用器具の選択には、フルハーネス型又は胴ベルト型の選択のほか、フック等の取付設備の高さに応じたショックアブソーバのタイプ、それに伴うランヤードの長さ（ロック付き巻取り器を備えるものを含む。）の選択が含まれ、事業者

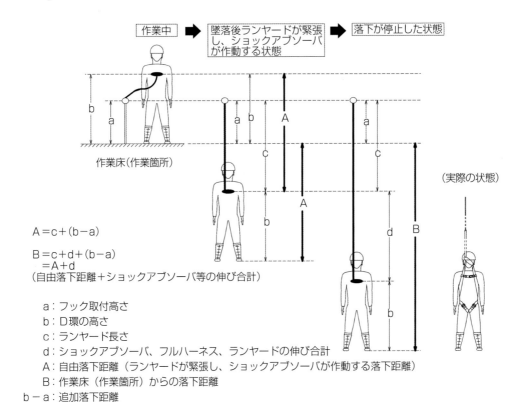

A＝c＋(b−a)

B＝c＋d＋(b−a)
　＝A＋d
(自由落下距離＋ショックアブソーバ等の伸び合計)

　　a：フック取付高さ
　　b：D環の高さ
　　c：ランヤード長さ
　　d：ショックアブソーバ、フルハーネス、ランヤードの伸び合計
　　A：自由落下距離（ランヤードが緊張し、ショックアブソーバが作動する落下距離）
　　B：作業床（作業箇所）からの落下距離
b−a：追加落下距離

図1　フルハーネス型の落下距離等

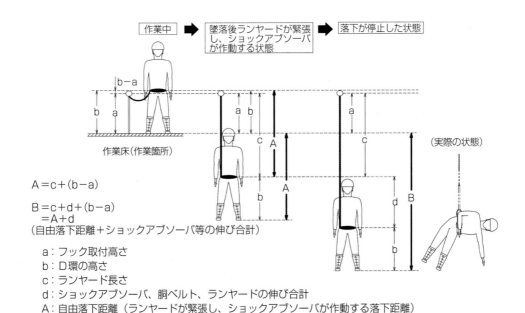

A＝c＋(b−a)

B＝c＋d＋(b−a)
　＝A＋d
(自由落下距離＋ショックアブソーバ等の伸び合計)

　　a：フック取付高さ
　　b：D環の高さ
　　c：ランヤード長さ
　　d：ショックアブソーバ、胴ベルト、ランヤードの伸び合計
　　A：自由落下距離（ランヤードが緊張し、ショックアブソーバが作動する落下距離）
　　B：作業床（作業箇所）からの落下距離
b−a：追加落下距離

図2　胴ベルト型の落下距離等

がショックアブソーバの最大の自由落下距離や使用可能な最大質量等を確認の上、作業内容、作業箇所の高さ及び作業者の体重等に応じて適切な墜落制止用器具を選択する必要があること。

(3) 胴ベルト型を使用することが可能な高さの目安は、フルハーネス型を使用すると仮定した場合の自由落下距離とショックアブソーバの伸びの合計値に1メートルを加えた値以下とする必要があること。このため、いかなる場合にも守らなければならない最低基準として、ショックアブソーバの自由落下距離の最大値（4メートル）及びショックアブソーバの伸びの最大値（1.75メートル）の合計値に1メートルを加えた高さ（6.75メートル）を超える箇所で作業する場合は、フルハーネス型を使用しなければならないこと。

2 墜落制止用器具の選定（ワークポジショニング作業を伴わない場合）

(1) ショックアブソーバ等の種別の選定

ア 腰の高さ以上にフック等を掛けて作業を行うことが可能な場合には、第一種ショックアブソーバを選定すること。

イ 鉄骨組み立て作業等において、足下にフック等を掛けて作業を行う必要がある場合は、フルハーネス型を選定するとともに、第二種ショックアブソーバを選定すること。

ウ 両方の作業を混在して行う場合は、フルハーネス型を選定するとともに、第二種ショックアブソーバを選定すること。

(2) ランヤードの選定

ア ランヤードに表示された標準的な条件（ランヤードのフック等の取付高さ（a）：0.85メートル、ランヤードとフルハーネスを結合する環の高さ（b）：1.45メートル。以下同じ。）の下における落下距離を確認し、主に作業を行う箇所の高さに応じ、適切なランヤードを選定すること。

イ ロック機能付き巻取り式ランヤードは、通常のランヤードと比較して落下距離が短いため、主に作業を行う箇所の高さが比較的低い場合は、使用が推奨されること。

ウ 移動時におけるフック等の掛替え時の墜落を防止するため、二つのフック等を相互に使用する方法（二丁掛け）が望ましいこと。

エ フルハーネス型で二丁掛けを行う場合、2本の墜落制止用のランヤードを使用すること。

オ 胴ベルト型で二丁掛けを行う場合、墜落制止用のランヤードのフック等を掛け替える時のみに使用するものとして、補助ロープを使用することが認められること。補助ロープにはショックアブソーバを備えないものも含まれるが、その場合、作業時に使用されることがないように、長さを1.3メートル以下のものを選定すること。

(3) 体重に応じた器具の選定

墜落制止用器具には、使用可能な最大質量（85kg又は100kg。特注品を除く。）が定められているので、器具を使用する者の体重と装備品の合計の質量が使用可能な最大質量を超えないように器具を選定すること。

(4) 胴ベルト型が使用可能な高さの目安

建設作業等におけるフルハーネス型の一般的な使用条件（ランヤードのフック等の取付高さ：0.85メートル、ランヤードとフルハーネスを結合する環の高さ：1.45メートル、ランヤード長さ：1.7メートル（この場合、自由落下距離は2.3メートル）、ショックアブソーバ（第一種）の伸びの最大値：1.2メートル、フルハーネス等の伸び：1メートル程度）を想定すると、目安

高さは5メートル以下とすべきであること。これよりも高い箇所で作業を行う場合は、フルハーネス型を使用すること。

3　墜落制止用器具の選定（ワークポジショニング作業を伴う場合）

ワークポジショニング作業に使用される身体保持用の器具（以下「ワークポジショニング用器具」という。）は、実質的に墜落を防止する効果があるが、墜落した場合にそれを制止するためのバックアップとして墜落制止用器具を併用する必要があること。

(1) ショックアブソーバの種別の選択

ワークポジショニング作業においては、通常、足下にフック等を掛ける作業はないため、第一種ショックアブソーバを選定すること。ただし、作業内容に足下にフック等を掛ける作業が含まれる場合は、第二種ショックアブソーバを選定すること。

(2) ランヤードの選定

ア　ランヤードに表示された標準的な条件の下における落下距離を確認し、主に作業を行う箇所の高さに応じ、適切なランヤードを選定すること。

イ　ロック機能付き巻取り式ランヤードは、通常のランヤードと比較して落下距離が短いため、主に作業を行う箇所の高さが比較的低い場合は、使用が推奨されること。

ウ　移動時のフック等の掛替え時の墜落を防止するため、二つのフック等を相互に使用する方法（二丁掛け）が望ましいこと。また、ワークポジショニング姿勢を保ちつつ、フック等の掛替えを行うことも墜落防止に有効であること。

エ　二丁掛けを行う場合、2本の墜落制止用のランヤードを使用することが望ましいが、二本のうち一本は、ワークポジショニング用のロープを使用することも認められること。この場合、伸縮調整器

により、必要最小限のロープの長さで使用すること。

(3) 体重に応じた器具の選定

墜落制止用器具には、使用可能な最大質量（85kg又は100kg。特注品を除く。）が定められているので、器具を使用する者の体重と装備品の合計の質量が使用可能な最大質量を超えないように器具を選定すること。

(4) フルハーネス型の選定

ワークポジショニング作業を伴う場合は、通常、頭上に構造物が常に存在し、フック等を頭上に取り付けることが可能であるので、地面に到達しないようにフルハーネス型を使用することが可能であることから、フルハーネス型を選定すること。ただし、頭上にフック等を掛けられる構造物がないことによりフルハーネス型の着用者が地面に到達するおそれがある場合は、胴ベルト型の使用も認められること。

4　昇降・通行時等の措置、周辺機器の使用

(1) 墜落制止用器具は、作業時に義務付けられ、作業と通行・昇降（昇降用の設備の健全性等を確認しながら、昇降する場合を含む。）は基本的に異なる概念であること。また、伐採など、墜落制止用器具のフック等を掛ける場所がない場合など、墜落制止用器具を使用することが著しく困難な場合には、保護帽の着用等の代替措置を行う必要があること。

(2) 垂直親綱、安全ブロック又は垂直レールを用いて昇降を行う際には、墜落制止機能は求められないこと。また、ISO規格で認められているように、垂直親綱、安全ブロック又は垂直レールに、子綱とスライド式墜落制止用の器具を介してフルハーネス型の胸部等に設けたコネクタと直結する場合であって、適切な落下試験等によって安全性を確認できるものは、当該子綱とスラ

イド式墜落制止用の器具は、フルハーネス
型のランヤードに該当すること。
(3) 送電線用鉄塔での建設工事等で使用され
る移動ロープは、ランヤードではなく、親
綱と位置づけられる。また、移動ロープと
フルハーネス型をキーロック方式安全器具
等で直結する場合であって、移動ロープに
ショックアブソーバが設けられている場
合、当該キーロック方式安全器具等は、フ
ルハーネス型のランヤードに該当するこ
と。この場合、移動ロープのショックアブ
ソーバは、第二種ショックアブソーバに準
じた機能を有するものであること。

第5 墜落制止用器具の使用

1 墜落制止用器具の使用方法

(1) 墜落制止用器具の装着

ア 取扱説明書を確認し、安全上必要な部
品が揃っているか確認すること。

イ フルハーネス型については、墜落制止
時にフルハーネスがずり上がり、安全な
姿勢が保持できなくなることのないよう
に、緩みなく確実に装着すること。ま
た、胸ベルト等安全上必要な部品を取り
外さないこと。胴ベルト型については、
できるだけ腰骨の近くで、墜落制止時に
足部の方に抜けない位置に、かつ、極
力、胸部へずれないよう確実に装着する
こと。

ウ バックルは正しく使用し、ベルトの端
はベルト通しに確実に通すこと。バック
ルの装着を正確に行うため、ワンタッチ
バックル等誤った装着ができない構造と
なったものを使用することが望ましいこ
と。また、フルハーネス型の場合は、通
常2つ以上のバックルがあるが、これら
の組み合わせを誤らないように注意して
着用すること。

エ ワークポジショニング用器具は、伸縮
調節器を環に正しく掛け、外れ止め装置

の動作を確認するとともに、ベルトの端
や作業服が巻き込まれていないことを目
視により確認すること。

オ ワークポジショニング作業の際に、
フック等を誤って環以外のものに掛ける
ことのないようにするため、環又はその
付近のベルトには、フック等を掛けられ
る器具をつけないこと。

カ ワークポジショニング用器具は、装着
後、地上において、それぞれの使用条件
の状態で体重をかけ、各部に異常がない
かどうかを点検すること。

キ 装着後、墜落制止器具を使用しない
ときは、フック等を環に掛け又は収納袋
に収める等により、ランヤードが垂れ下
がらないようにすること。ワークポジ
ショニング用器具のロープは肩に掛ける
かフック等を環に掛けて伸縮調節器によ
りロープの長さを調節することにより、
垂れ下がらないようにすること。

(2) 墜落制止用器具の取付設備

ア 墜落制止用器具の取付設備は、ラン
ヤードが外れたり、抜けたりするおそれ
のないもので、墜落制止時の衝撃力に対
し十分耐え得る堅固なものであること。
取付設備の強度が判断できない場合に
は、フック等を取り付けないこと。作業
の都合上、やむを得ず強度が不明な取付
設備にフック等を取り付けなければなら
ない場合には、フック等をできる限り高
い位置に取り付ける等により、取付設備
の有する強度の範囲内に墜落制止時の衝
撃荷重を抑える処置を講ずること。

イ 墜落制止用器具の取付設備の近傍に鋭
い角がある場合には、ランヤードのロー
プ等が直接鋭い角に当たらないように、
養生等の処置を講ずること。

(3) 墜落制止用器具の使用方法（ワークポジ
ショニング作業を伴わない場合）

ア 取付設備は、できるだけ高い位置のも

のを選ぶこと。

イ　垂直構造物や斜材等に取り付ける場合は、墜落制止時にランヤードがずれたり、こすれたりしないようにすること。

ウ　墜落制止用器具は、可能な限り、墜落した場合に振子状態になって物体に激突しないような場所に取り付けること。

エ　補助ロープは、移動時の掛替え用に使用するものであり、作業時には使用しないこと。

(4) 墜落制止用器具の使用方法（ワークポジショニング作業を伴う場合）

ア　取付設備は、原則として、頭上の位置のものを選ぶこと。

イ　垂直構造物や斜材等に取り付ける場合は、墜落制止時にランヤードがずれたり、こすれたりしないようにすること。

ウ　ワークポジショニング用器具は、ロープによじれのないことを確認したうえで、フック等が環に確実に掛かっていることを目視により確認し、伸縮調節器により、ロープの長さを作業上必要最小限の長さに調節し、体重をかけるときは、いきなり手を離して体重をかけるのではなく、徐々に体重を移し、異状がないことを確かめてから手を離すこと。

エ　ワークポジショニング用ロープは、移動時の掛替え時の墜落防止用に使用できるが、作業時には、別途、墜落制止用器具としての要件を満たす別のランヤードを使用して作業を行う必要があること。ワークポジショニング用ロープを掛替え時に使用する場合は、長さを必要最小限とすること。

(5) フック等の使用方法

ア　フック等はランヤードのロープ等の取付部とかぎ部の中心に掛かる引張荷重で性能を規定したものであり、曲げ荷重・外れ止め装置への外力に関しては大きな荷重に耐えられるものではないことを認識したうえで使用すること。

イ　回し掛けは、フック等に横方向の曲げ荷重を受けたり、取付設備の鋭角部での応力集中によって破断したりする等の問題が生じるおそれがあるので、できるだけ避けること。回し掛けを行う場合には、これらの問題点をよく把握して、それらの問題を回避できるように注意して使用すること。

ウ　ランヤードのロープ等がねじれた状態でフック等の外れ止め装置に絡むと外れ止め装置が変形・破断して外れることがあるので、注意すること。

エ　ランヤードのフック等の取付部にショックアブソーバがある形状のものは、回し掛けをしてフック等がショックアブソーバに掛かるとショックアブソーバが機能しないことがあるので、回し掛けしないこと。

2　垂直親綱への取付け

(1) 垂直親綱に墜落制止用器具のフック等を取り付ける場合は、親綱に取付けた取付設備にフック等を掛けて使用すること。

(2) 一本の垂直親綱を使用する作業者数は、原則として一人とすること。

(3) 垂直親綱に取り付けた取付設備の位置は、ランヤードとフルハーネス等を結合する環の位置より下にならないようにして使用すること。

(4) 墜落制止用器具は、可能な限り、墜落した場合に振子状態になって物体に激突しないような場所に取り付けること。

(5) 長い合成繊維ロープの垂直親綱の下端付近で使用する場合は、墜落制止時に親綱の伸びが大きくなるので、下方の障害物に接触しないように注意すること。

3　水平親綱への取付け

(1) 水平親綱は、墜落制止用器具を取り付け

る構造物が身近になく、作業工程が横移動の場合、又は作業上頻繁に横方向に移動する必要がある場合に、ランヤードとフルハーネス等を結合する環より高い位置に張り、それに墜落制止用器具のフック等を掛けて使用すること。なお、作業場所の構造上、低い位置に親綱を設置する場合には、短いランヤード又はロック機能付き巻取り式ランヤードを用いる等、落下距離を小さくする措置を講じること。

(2) 水平親綱を使用する作業者は、原則として1スパンに1人とすること。

(3) 墜落制止用器具は、可能な限り、墜落した場合に振子状態になって物体に激突しないような場所に取り付けること。

(4) 水平親綱に合成繊維ロープを使用する場合は、墜落制止時に下方の障害物・地面に接触しないように注意すること。

第6　点検・保守・保管

墜落制止用器具の点検・保守及び保管は、責任者を定める等により確実に行い、管理台帳等にそれらの結果や管理上必要な事項を記録しておくこと。

1　点検

点検は、日常点検のほかに一定期間ごとに定期点検を行うものとし、次に掲げる事項について作成した点検基準によって行うこと。定期点検の間隔は半年を超えないこと。点検時には、取扱説明書に記載されている安全上必要な部品が全て揃っていることを確認すること。

(1) ベルトの摩耗、傷、ねじれ、塗料・薬品類による変色・硬化・溶解

(2) 縫糸の摩耗、切断、ほつれ

(3) 金具類の摩耗、亀裂、変形、錆、腐食、樹脂コーティングの劣化、電気ショートによる溶融、回転部や摺動部の状態、リベットやバネの状態

(4) ランヤードの摩耗、素線切れ、傷、やけこげ、キンクや撚りもどり等による変形、薬品類による変色・硬化・溶解、アイ加工部、ショックアブソーバの状態

(5) 巻取り器のストラップの巻込み、引き出しの状態。ロック機能付き巻取り器については、ストラップを速く引き出したときにロックすること。

各部品の損傷の程度による使用限界については、部品の材質、寸法、構造及び使用条件を考慮して設定することが必要であること。

ランヤードのロープ等の摩耗の進行は速いため、少なくとも1年以上使用しているものについては、短い間隔で定期的にランヤードの目視チェックが必要であること。特に、ワークポジショニング用器具のロープは電柱等とこすれて摩耗が激しいので、こまめな日常点検が必要であること。また、フック等の近くが傷みやすいので念入りな点検が必要であること。

また、工具ホルダー等を取り付けている場合には、これによるベルトの摩耗が発生するので、定期的にホルダーに隠れる部分の摩耗の確認が必要であること。

2　保守

保守は、定期的及び必要に応じて行うこと。保守にあたっては、部品を組み合わせたパッケージ製品（例：フック等、ショックアブソーバ及びロープ等を組み合わせたランヤード）を分解して他社製品の部品と組み合わせることは製造物責任の観点から行わないこと。

(1) ベルト、ランヤードのロープ等の汚れは、ぬるま湯を使って洗い、落ちにくい場合は中性洗剤を使って洗った後、よくすすぎ、直射日光に当たらない室内の風通しのよい所で自然乾燥させること。その際、ショックアブソーバ内部に水が浸透しないよう留意すること。

(2) ベルト、ランヤードに塗料がついた場合は、布等でふきとること。強度に影響を与えるような溶剤を使ってはならないこと。

(3) 金具類が水等に濡れた場合は、乾いた布でよくふきとった後、さび止めの油をうすく塗ること。

(4) 金具類の回転部、摺動部は定期的に注油すること。砂や泥等がついている場合はよく掃除して取り除くこと。

(5) 一般的にランヤードのロープ等は墜落制止用器具の部品の中で寿命が最も短いので、ランヤードのロープ等のみが摩耗した場合には、ランヤードのロープ等を交換するか、ランヤード全体を交換すること。交換にあたっては、墜落制止用器具本体の製造者が推奨する方法によることが望ましいこと。

(6) 巻取り器については、ロープの巻込み、引出し、ロックがある場合はロックの動作確認を行うとともに、巻取り器カバーの破損、取付けネジの緩みがないこと、金属部品の著しい錆や腐食がないことを確認すること。

3 保管

墜落制止用器具は次のような場所に保管すること。

(1) 直射日光に当たらない所

(2) 風通しがよく、湿気のない所

(3) 火気、放熱体等が近くにない所

(4) 腐食性物質が近くにない所

(5) ほこりが散りにくい所

(6) ねずみの入らない所

第7 廃棄基準

1 一度でも落下時の衝撃がかかったものは使用しないこと。

2 点検の結果、異常があったもの、摩耗・傷等の劣化が激しいものは使用しないこと。

第8 特別教育

事業者は、高さ2メートル以上の箇所であって作業床を設けることが困難なところにおいて、墜落制止用器具のうちフルハーネス型のものを用いて行う作業に係る業務に労働者を就かせるときは、当該労働者に対し、あらかじめ、次の科目について、学科及び実技による特別の教育を所定の時間以上行うこと。

1 学科教育

科目	範囲	時間
作業に関する知識	① 作業に用いる設備の種類、構造及び取扱い方法 ② 作業に用いる設備の点検及び整備の方法 ③ 作業の方法	1時間
墜落制止用器具（フルハーネス型のものに限る。以下同じ。）に関する知識	① 墜落制止用器具のフルハーネス及びランヤードの種類及び構造 ② 墜落制止用器具のフルハーネスの装着の方法 ③ 墜落制止用器具のランヤードの取付け設備等への取付け方法及び選定方法 ④ 墜落制止用器具の点検及び整備の方法 ⑤ 墜落制止用器具の関連器具の使用方法	2時間
労働災害の防止に関する知識	① 墜落による労働災害の防止のための措置 ② 落下物による危険防止のための措置 ③ 感電防止のための措置 ④ 保護帽の使用方法及び保守点検の方法 ⑤ 事故発生時の措置 ⑥ その他作業に伴う災害及びその防止方法	1時間
関係法令	安衛法、安衛令及び安衛則中の関係条項	0.5時間

2 実技教育

科目	範囲	時間
墜落制止用器具の使用方法等	① 墜落制止用器具のフルハーネスの装着の方法 ② 墜落制止用器具のランヤードの取付け設備等への取付け方法 ③ 墜落による労働災害防止のための措置 ④ 墜落制止用器具の点検及び整備の方法	1.5時間

【編注】足場の組立て等の業務に係る特別教育を受けた者については、上記の科目のうち、「労働災害の防止に関する知識」を省略できる。（平成30年6月22日基発0622第1号）

MEMO

MEMO

足場の組立て、解体、変更
業務従事者安全必携　　－特別教育用テキスト－

平成 28 年 1 月 26 日　　第 1 版第 1 刷発行
平成 29 年 10月 31 日　　第 2 版第 1 刷発行
平成 31 年 4 月 17 日　　第 3 版第 1 刷発行
令和 6 年 7 月 12 日　　第 4 版第 1 刷発行

編　者　　中央労働災害防止協会
発行者　　平山　剛
発行所　　中央労働災害防止協会
　　　　　〒 108-0023
　　　　　東京都港区芝浦 3 丁目 17 番 12 号
　　　　　　　　　　吾妻ビル 9 階

　　　　　電話　販売　03 (3452) 6401
　　　　　　　　　編集　03 (3452) 6209
イラスト　　高橋晴美、ミヤチヒデタカ
デザイン　　㈲デザイン・コンドウ
印刷・製本　㈱丸井工文社